ZLG 嵌入式软件工程方法与实践丛书

软件单元测试入门与实践

周立功　喻永和　主编
致远电子　编著

北京航空航天大学出版社

内 容 简 介

本书主要介绍使用 C/C++开发时如何开展单元测试。内容包括：软件测试以及单元测试简介，编码规则检测、代码结构分析以及相关工具的使用，设计测试用例、编写测试代码，跨平台构建的方法，代码覆盖率生成工具，持续集成系统 Gitlab 的使用等。

本书主要适合 C/C++语言开发者以及相关测试人员阅读。

图书在版编目(CIP)数据

软件单元测试入门与实践 / 周立功，喻永和主编
. -- 北京：北京航空航天大学出版社，2023.1
ISBN 978-7-5124-3981-8

Ⅰ.①软… Ⅱ.①周… ②喻… Ⅲ.①软件—测试 Ⅳ.①TP311.55

中国版本图书馆 CIP 数据核字(2022)第 250791 号

版权所有，侵权必究。

软件单元测试入门与实践
周立功 喻永和 主编
致远电子 编著
策划编辑 胡晓柏　责任编辑 胡晓柏

*

北京航空航天大学出版社出版发行

北京市海淀区学院路 37 号（邮编 100191）　http://www.buaapress.com.cn
发行部电话：(010)82317024　传真：(010)82328026
读者信箱：emsbook@buaacm.com.cn　邮购电话：(010)82316936
涿州市新华印刷有限公司印装　各地书店经销

*

开本：710×1 000　1/16　印张：15.75　字数：330 千字
2023 年 1 月第 1 版　2023 年 1 月第 1 次印刷　印数：3 000 册
ISBN 978-7-5124-3981-8　定价：49.00 元

若本书有倒页、脱页、缺页等印装质量问题，请与本社发行部联系调换。联系电话：(010)82317024

前　言

1. 本书的由来

软件测试是保证软件质量的重要手段之一。现在,无论是大型公司,还是中小型公司,都非常重视软件测试,越来越多的公司开始建立独立的测试团队。然而,很多中小型公司仍然面临一个窘境:虽然建立了专门测试团队对软件进行测试,但是软件在发布后仍然会出现不少问题。

很多中小型公司虽然建立了专门的测试团队,但测试内容却仅限于系统测试。学习过测试理论的读者应该知道,系统测试针对的是已经开发完成的软件系统,这个时候整个软件系统已经很复杂,而系统的许多内部状态是不可见的。在这种情况下,测试人员只能根据对需求的理解对软件进行测试,很难进行深层次的测试。

所幸的是,有一部分公司已经意识到这个问题,开始在公司内部推行单元测试,然而在推行的过程中却是困难重重:

- 单元测试本身需要花费较多的时间,要想收到比较好的单元测试效果,开发测试代码的时间应与开发软件代码的时间相当。如果刚开始没有推行单元测试,那么由于缺少相关的理论基础以及实践经验,单元测试会花费更多的时间。另一方面,软件需要快速推向市场,当需要压缩项目周期时,由于不可能压缩编码时间,只能去掉单元测试。
- 软件需求经常变化,导致代码经常需要重构。当代码重构之后,之前编写的测试代码往往不能再使用,必须重新编写测试代码。在这种情况下,单元测试反而成了无用功。
- 单元测试对软件设计要求较高,很多开发者在拿到需求后直接开始编写代码,并没有对软件进行精心的设计。在这种情况下,代码的耦合性很高,界面与逻辑耦合在一起,逻辑与硬件控制代码耦合在一起,导致单元测试无法开展。
- 若没有单元测试的理论基础以及实践经验,在进行单元测试时测试人员往往不知道如何下手,既不清楚如何设计测试用例,也不清楚如何编写测试代码。

笔者从2016年开始在公司推行单元测试，同样也遇到以上各种困难，在推行单元测试时可以说是举步维艰。因此，作者决定写一本单元测试方面的书，试图解决单元测试过程中的技术问题。

2. 预期读者

一直以来，大多数开发者都认为单元测试是测试人员的工作，而实际上单元测试是开发人员的工作。当然，在一部分开发团队中，单元测试由专门的测试人员来完成。单元测试是由开发人员还是测试人员做，实际上各有优劣，作者不在这里下定论。在作者看来，无论是开发人员还是测试人员，都应该掌握单元测试的技能。

本书中使用的工具主要针对C语言和C++语言，所以本书主要适合C及C++开发者以及相关的测试人员阅读。

3. 内容安排

第1章和第2章简要介绍了软件测试以及单元测试。读者可通过这两章的内容对单元测试有一个简单的了解。

第3章介绍了编码规则检测、代码结构分析以及相关工具的使用。若读者需要进行静态测试，可以阅读这部分内容。

第4章～第9章介绍了如何设计测试用例，以及如何使用相关工具编写测试代码。这一部分介绍了两个测试框架——gtest和Unity，读者在阅读这一部分后，可以使用这两个框架开展单元测试。

第10章介绍了跨平台构建的方法。若读者有编写跨平台代码的需求，可以阅读这部分内容。

第11章介绍了两个代码覆盖率生成工具。读者可以使用这两个工具评估测试代码的覆盖率。

第12章介绍了持续集成系统Gitlab的使用方法。若读者需要搭建或使用持续集成服务器，可以阅读这部分内容。

4. 结束语

本书主要介绍使用C/C++开发时如何开展单元测试。实际上，要想收到比较好的单元测试效果，软件开发团队除了需要掌握单元测试的相关技能外，还需要在需求分析以及软件设计方面下功夫。

本书涉及内容较多，虽然经过多次审稿修订，但限于我们的水平和条件，缺点和错误仍在所难免，衷心希望读者提出批评和指正，使我们可以不断提高和完善。

作 者
2022年8月

目 录

第1章 软件测试基础知识 ··· 1

1.1 什么是软件测试 ·· 1
1.1.1 软件测试的定义 ·· 1
1.1.2 测试和调试的区别 ·· 2
1.1.3 软件测试的重要性 ·· 2
1.1.4 软件测试的有效性 ·· 3
1.2 谁为软件质量负责 ·· 4
1.3 软件测试分类 ·· 4
1.3.1 按不同阶段划分 ·· 4
1.3.2 按是否需要了解内部结构划分 ·· 5
1.3.3 按是否需要运行程序划分 ·· 5

第2章 单元测试概述 ··· 6

2.1 什么是单元测试 ·· 6
2.2 单元测试的重要性 ·· 6
2.3 单元测试推行困难的原因 ·· 9
2.4 为什么不是TDD ··· 12
2.4.1 TDD概述 ··· 12
2.4.2 TDD的缺点 ··· 13
2.5 单元测试如何做 ··· 13
2.5.1 加强需求分析 ··· 13
2.5.2 可测试性设计 ··· 14
2.5.3 测试代码随时与软件代码保持一致 ····································· 14
2.5.4 单元测试技术要求 ··· 14

第3章 静态测试 ·· 15

3.1 静态测试概述 ··· 15

3.2 编码规则检查 ·············· 15
3.2.1 规则配置文件 ·············· 16
3.2.2 pc-lint 选项说明 ·············· 18
3.2.3 选项配置文件 ·············· 20
3.2.4 源文件列表 ·············· 21
3.2.5 使用 pc-lint 进行检查 ·············· 21
3.2.6 加入附加检测规则 ·············· 22
3.2.7 预防 Bug 的十大编码规则 ·············· 26
3.3 代码结构分析 ·············· 29
3.3.1 代码结构分析概述 ·············· 29
3.3.2 软件获取 ·············· 29
3.3.3 新建项目 ·············· 30
3.3.4 分析代码结构 ·············· 32
3.3.5 修改指标阈值 ·············· 34
3.4 代码评审 ·············· 35
3.4.1 代码走查 ·············· 35
3.4.2 代码审查 ·············· 35
3.4.3 如何进行代码评审 ·············· 36

第4章 测试用例设计 ·············· 38
4.1 什么是测试用例 ·············· 38
4.2 输入和输出的定义 ·············· 38
4.3 逻辑覆盖 ·············· 39
4.3.1 语句覆盖 ·············· 40
4.3.2 判定覆盖 ·············· 40
4.3.3 条件覆盖 ·············· 41
4.3.4 条件组合覆盖 ·············· 41
4.3.5 修正条件判定覆盖 ·············· 42
4.4 数据覆盖 ·············· 43
4.4.1 边界值分析 ·············· 44
4.4.2 等价类划分 ·············· 46
4.4.3 穷 举 ·············· 47
4.4.4 其他考虑 ·············· 47

第5章 测试准备工作 ·············· 48
5.1 单元测试框架 ·············· 48
5.1.1 什么是单元测试框架 ·············· 48
5.1.2 gtest 是什么 ·············· 49
5.2 测试框架获取 ·············· 49

- 5.3 Visual Studio 2013测试环境搭建 ……………………………………………… 50
  - 5.3.1 Visual Studio 运行库 ……………………………………………… 50
  - 5.3.2 编译 gtest 库文件 ………………………………………………… 51
  - 5.3.3 创建 Visual Studio 测试项目 …………………………………… 52
  - 5.3.4 配置 Visual Studio 测试项目 …………………………………… 53
  - 5.3.5 添加文件 …………………………………………………………… 55
  - 5.3.6 Visual Studio 模板的使用 ………………………………………… 56
- 5.4 Eclipse 测试环境搭建 …………………………………………………………… 57
  - 5.4.1 安装 Java 运行环境 ……………………………………………… 57
  - 5.4.2 Windows 版本的 GCC/G＋＋安装 ……………………………… 58
  - 5.4.3 Eclipse 获取 ……………………………………………………… 58
  - 5.4.4 创建 Eclipse 项目 ………………………………………………… 59
  - 5.4.5 配置 Eclipse 项目 ………………………………………………… 59
  - 5.4.6 添加文件 …………………………………………………………… 60
  - 5.4.7 Eclipse 模板使用 ………………………………………………… 61

第6章 编写测试代码 ……………………………………………………………… 62

- 6.1 测试的入口——main 函数 …………………………………………………… 62
- 6.2 表达测试用例的通用语言 ……………………………………………………… 63
  - 6.2.1 测试用例和测试用例集 ……………………………………………… 63
  - 6.2.2 编写测试用例 ………………………………………………………… 63
- 6.3 通用的判断机制 ………………………………………………………………… 64
  - 6.3.1 布尔类型判断 ………………………………………………………… 64
  - 6.3.2 数值类型判断 ………………………………………………………… 64
  - 6.3.3 浮点数判断 …………………………………………………………… 66
  - 6.3.4 字符串判断 …………………………………………………………… 67
  - 6.3.5 HRESULT 类型检查 ………………………………………………… 69
  - 6.3.6 异常检查 ……………………………………………………………… 69
  - 6.3.7 测试结果输出 ………………………………………………………… 70
  - 6.3.8 自定义断言 …………………………………………………………… 73
  - 6.3.9 EXPECT 系列断言和 ASSERT 系列断言 ………………………… 78
  - 6.3.10 类型检查 …………………………………………………………… 78
- 6.4 测试夹具 ………………………………………………………………………… 80
  - 6.4.1 测试用例初始化和清理 ……………………………………………… 81
  - 6.4.2 测试用例集初始化和清理 …………………………………………… 83
  - 6.4.3 全局初始化和清理 …………………………………………………… 84
  - 6.4.4 测试夹具中各动作的执行顺序 ……………………………………… 85
- 6.5 使用参数化快速生成测试用例 ………………………………………………… 86
  - 6.5.1 参数化 ………………………………………………………………… 86

6.5.2 参数生成器 ··· 88
6.5.3 类型参数化 ··· 90
6.6 死亡测试 ··· 93
6.7 运行参数 ··· 95
6.7.1 选择测试用例的参数 ·· 95
6.7.2 控制测试用例执行过程的参数 ·· 97
6.7.3 控制测试输出信息的参数 ··· 99
6.7.4 控制异常处理的参数 ··· 100
6.8 gtest 断言扩展——任意类型数组比较 ································· 102

第7章 仿制对象 ··· 104

7.1 测试桩 ·· 104
7.2 仿制对象的概念 ·· 105
7.2.1 什么是仿制对象 ··· 105
7.2.2 gmock 是什么 ··· 106
7.3 gmock 测试环境搭建 ·· 107
7.3.1 gmock 获取 ·· 107
7.3.2 Visual Studio 2013 测试环境搭建 ································· 107
7.3.3 Eclipse 测试环境搭建 ··· 110
7.4 本章示例说明 ··· 112
7.4.1 LED 控制代码 ·· 112
7.4.2 Modbus 收发代码 ·· 114
7.5 仿制对象创建与使用 ·· 115
7.5.1 生成仿制对象 ··· 115
7.5.2 仿制对象实例的创建和销毁 ··· 116
7.5.3 在测试桩中调用仿制对象实例 ····································· 117
7.6 期望调用 ·· 118
7.6.1 单参数匹配器 ··· 120
7.6.2 双参数匹配器 ··· 124
7.6.3 定义期望调用注意事项 ·· 125
7.7 匹配次数 ·· 126
7.8 设置饱和后不再匹配 ·· 126
7.9 定义匹配顺序 ··· 127
7.9.1 在某个期望调用之后匹配 ·· 127
7.9.2 指定匹配队列 ··· 128
7.9.3 自动加入队列 ··· 129
7.10 行 为 ·· 130
7.10.1 返回值 ·· 131
7.10.2 参数操作 ·· 131

7.10.3 调用函数 ·· 132
   7.10.4 自定义动作 ·· 134
   7.10.5 复合动作 ·· 135
  7.11 默认行为 ·· 136
  7.12 gmock 错误分析 ·· 137
  7.13 gmock 行为扩展——内存复制 ·· 142

第 8 章 单元测试实战演练 145

  8.1 了解测试对象 ··· 145
  8.2 设计测试用例 ··· 149
  8.3 设计测试代码结构 ·· 152
  8.4 编写测试代码 ··· 152

第 9 章 轻量级测试框架-Unity 164

  9.1 Unity 配置 ··· 164
  9.2 编写测试用例 ··· 165
  9.3 断　言 ·· 166
   9.3.1 布尔类型比较 ·· 166
   9.3.2 指针比较 ·· 167
   9.3.3 整数比较 ·· 167
   9.3.4 字符串 ··· 171
   9.3.5 浮点数比较 ··· 171
   9.3.6 内存段比较 ··· 173
  9.4 信息输出 ·· 173
  9.5 移　植 ·· 174
   9.5.1 数据宽度定义 ·· 174
   9.5.2 64 位支持 ··· 174
   9.5.3 解除 float 类型支持 ··· 175
   9.5.4 添加 double 类型支持 ·· 175
   9.5.5 浮点数判断误差定义 ··· 175
   9.5.6 字符输出函数声明 ·· 175
  9.6 扩展功能 ·· 175
   9.6.1 编写测试用例 ·· 176
   9.6.2 组织测试用例 ·· 177
   9.6.3 运行测试用例 ·· 178
   9.6.4 信息输出 ·· 178
   9.6.5 命令行参数 ··· 179

第 10 章 自动构建 181

  10.1 cmake 概述 ··· 181

10.2　cmake 基本用法 ……………………………………………………………… 182
　　　　10.2.1　最简单的 CMakeLists ……………………………………………… 182
　　　　10.2.2　变量定义及引用 ……………………………………………………… 185
　　　　10.2.3　源文件扫描 …………………………………………………………… 185
　　　　10.2.4　包含子模块 …………………………………………………………… 186
　　　　10.2.5　条件编译 ……………………………………………………………… 187
　　　　10.2.6　生成安装脚本 ………………………………………………………… 190
　　　　10.2.7　项目配置 ……………………………………………………………… 192
　　　　10.2.8　cmake 常用函数汇总 ………………………………………………… 193
　　10.3　cmake 示例 …………………………………………………………………… 194
　　10.4　生成自动构建 Shell 脚本 …………………………………………………… 197

第 11 章　代码覆盖率分析 ………………………………………………………… 201

　　11.1　代码覆盖率概述 ……………………………………………………………… 201
　　11.2　Windows 环境下覆盖率分析工具 …………………………………………… 201
　　　　11.2.1　OpenCppCoverage 获取 ……………………………………………… 201
　　　　11.2.2　OpenCppCoverage 参数说明 ………………………………………… 202
　　　　11.2.3　生成覆盖率报告 ……………………………………………………… 203
　　11.3　Linux 下的覆盖率工具 ……………………………………………………… 205
　　　　11.3.1　lcov 安装 ……………………………………………………………… 205
　　　　11.3.2　覆盖率原始数据生成 ………………………………………………… 205
　　　　11.3.3　使用 lcov 生成测试覆盖率报告 …………………………………… 205
　　　　11.3.4　生成 html 格式的覆盖率报告 ……………………………………… 206

第 12 章　持续集成 ………………………………………………………………… 208

　　12.1　持续集成系统 Gitlab 简介 …………………………………………………… 208
　　12.2　Gitlab 安装配置 ……………………………………………………………… 209
　　　　12.2.1　Gitlab 主服务器安装 ………………………………………………… 209
　　　　12.2.2　构建服务器安装 ……………………………………………………… 211
　　　　12.2.3　注册构建服务器 ……………………………………………………… 212
　　12.3　Gitlab 管理 …………………………………………………………………… 213
　　12.4　Gitlab 使用 …………………………………………………………………… 215
　　　　12.4.1　Git 安装 ……………………………………………………………… 216
　　　　12.4.2　生成 SSH 密钥 ……………………………………………………… 216
　　　　12.4.3　将 SSH 私钥转化为 ppk 格式 ……………………………………… 216
　　　　12.4.4　上传公钥到服务器 …………………………………………………… 217
　　　　12.4.5　克隆版本库 …………………………………………………………… 218
　　　　12.4.6　初始化版本库 ………………………………………………………… 218
　　12.5　构建配置文件 ………………………………………………………………… 222

12.5.1	语法规则	222
12.5.2	构建阶段和构建任务	223
12.5.3	构建命令	224
12.5.4	变量定义	225
12.5.5	构建服务器选择	225
12.5.6	什么时候构建	226
12.5.7	是否允许失败	227
12.5.8	生成制品	227
12.5.9	构建任务的依赖关系	229
12.5.10	常用属性汇总	229
12.6	构建配置示例	230
12.7	查看构建状态	231
12.8	合并代码到 master 分支	232

参考文献 ·· 234

第 1 章

软件测试基础知识

本章导读

软件测试的概念早在 1957 年就被提出,现在很多公司成立了专门的软件测试团队,可见整个软件行业对测试的重视程度已经很高。然而,还是有很多软件开发者对软件测试不是很了解,并且认为软件质量只是测试人员的事儿。

事实上,软件测试是每位软件开发者都必须掌握的技能,只有对软件测试足够了解、有了测试意识,才能够开发出高质量的软件产品。本章将简单介绍软件测试的基础知识,使读者对软件测试有一个初步的认识。

1.1 什么是软件测试

1.1.1 软件测试的定义

在早期的软件开发过程中,测试并没有被清晰定义。此时测试等同于调试,其目的是纠正软件中已有的错误。而该部分工作通常由开发者自己完成,对测试的投入极少。

直到 1957 年,软件测试才与调试区别开来,成为一种发现软件缺陷的活动。由于当时人们一直认为软件工作后才能够测试,所以测试一般在软件开发的后期进行。1979 年 Glenford J. Myers 在 *The Art of Software Testing* 一书中对软件测试给出了明确的定义:测试是为发现错误而执行程序的过程。这个定义被业界所认可。

20 世纪 80 年代,软件测试的定义发生改变,测试不单纯是一个发现错误的过程,同时也包含对软件质量的评价。目前比较经典的定义是:在规定的条件下进行操作,以发现错误,并对软件质量进行评估。

《GB/T15532 计算机软件测试规范》中对软件测试给出了定义:软件测试的目的是验证软件是否满足软件开发合同或项目开发计划、系统/子系统设计文档、软件需求规格说明、软件设计说明和软件产品说明等规定的软件质量要求;通过测试发现软件缺陷;为软件产品的质量评价提供依据。

1.1.2　测试和调试的区别

很多开发者往往不能区分测试和调试,认为调试就是测试,所以对测试的重视程度不高。为了避免走入这个误区,开发者必须理解测试和调试这两个不同的概念,认识到它们之间的区别。

① 测试可以发现软件存在的缺陷;而调试是在已知缺陷的情况下定位产生缺陷的原因以进行修复。

② 测试有开始条件、结束条件和预期结果;而调试则是为了定位缺陷,可随意开始,也可随意结束。

③ 测试需要计划,需要设计测试用例;而调试不需要计划,出现缺陷即开始调试,不需要设计调试过程。

④ 测试结束后可以为软件产品的质量评价提供依据;而调试则无法提供相关依据。

由此可见,测试并不等同于调试。测试需要有组织、有计划地进行,其目的是发现缺陷并为软件产品的质量评价提供依据,而调试只是为了定位缺陷。

部分开发者在软件开发完成后,会尝试运行软件,以确保软件能够正常运行。这个过程属于调试,而非测试,因为并没有足够的数据证明软件能够满足质量目标的要求。

1.1.3　软件测试的重要性

为了进一步理解软件测试的重要性,我们有必要来了解一下软件质量成本的概念。

软件质量成本是为保证软件质量所进行的活动而产生的成本以及因为质量问题给我们带来的损失。质量成本包括预防成本、检测成本和失败成本三个部分,详见图1.1。

$$质量成本 = 预防成本 + 检测成本 + 失败成本$$

图1.1　质量成本构成

预防成本:为了预防缺陷的产生所进行的一系列活动而产生的费用称为预防成本。需求评审、设计评审、代码评审、技术预研、过程改进、人员培养等活动都是为了预防问题的产生,这部分成本属于预防成本的范围。

检测成本:为了发现以及修复缺陷进行的一系列活动产生的费用称为检测成本。测试过程的人力成本、购买测试设备费用、破坏性测试中损坏的设备都属于检测成本。

失败成本:失败成本是未能及时发现缺陷所造成的损失。设计缺陷导致制造过程中的产品报废、客户使用过程中出现问题导致的返修、退货以及索赔,质量问题造成的企业形象的损失,客户使用过程中造成的人员伤亡及财产损失,这些都属于失败成本。

通常情况下，预防成本和检测成本都是可以预知的，而失败成本却是无法估量的。在产品开发过程中，失败成本往往不是一种实实在在的成本，而是一种风险，这种风险是最容易被忽略的。预防成本和检测成本是能够看到、能够计算的成本，当需要压缩成本时，预防成本和检测成本往往是被压缩的对象。然而，当我们在压缩预防成本和检测成本时，产品失败的风险却随之上升，当风险成为现实时悔之晚矣。

笔者曾参加了"第九届中国国际软件质量工程峰会"，发现当下测试人员抱怨最多的仍然是"项目紧急时首先被压缩的是测试时间"。由此可见，我们对质量成本的理解还不够深入，或者并不知道产品失败带来的损失有多大。以下这些质量事故可以帮助大家理解产品失败带来的损失。

① 1991 年海湾战争中，美国"爱国者"导弹未能成功拦截飞入伊拉克境内的"飞毛腿"导弹，导致美军一个军营被炸毁。

② Intel 浮点数除法问题导致 Intel 在 2000 年召回所有的 1.13 MHz 奔腾Ⅲ处理器，直接经济损失达 4.75 亿美元。

③ 2011 年温州动车追尾事故造成 40 人死亡、172 人受伤，中断行车 32 小时 35 分，直接经济损失近 2 亿元。

④ 2013 年光大证券乌龙指事件导致 A 股暴涨，171 支个股受到影响，经济损失达 425 万元。

类似这样的质量事故数不胜数、触目惊心，但实际中却很难引起绝大部分软件开发者的重视。然而不管我们是否关注，风险就在那里，就像一个地雷，永远不知道什么时候会被人踩到。我们对软件质量要心存敬畏，用看得见的成本降低看不见的风险。

1.1.4 软件测试的有效性

Glenford J. Myers 在 *The Art of Software Testing* 一书中提到软件测试的目的：

➢ 测试是为了证明程序有错，而不是证明程序无错；
➢ 一个好的测试用例在于它能发现至今未发现的错误；
➢ 一个成功的测试在于它发现了至今未发现的错误。

这个观点是 Glenford J. Myers 在 1979 年提出的，而现在软件测试的定义已有所改变，测试并不只是为了发现缺陷，同时也为软件质量评价提供依据。

令人沮丧的是，目前很多企业以及测试人员仍然以原先的观点作为软件测试的圣经，认为软件测试仅仅是为了发现缺陷。

那么没有发现缺陷的测试是有效的测试吗？

假如我们去医院体检，是不是体检报告中指出我们身体的某些地方出现问题，我们才认为这次体检是有效的呢？显然不是！只要体检报告中有足够的数据能够证明我们的身体机能没有问题，我们就会认为体检是有效的。

《GB/T 25000.10 系统与软件工程系统与软件质量要求和评价(SQuaRE)第10部分:系统与软件质量模型》中,从功能性、性能效率、兼容性、易用性、可靠性、信息安全性、维护性、可移植性 8 个方面评价软件的质量。只要在测试完成后有足够的证据证明软件符合这 8 个方面的要求,那么测试就是有效的。

1.2 谁为软件质量负责

在软件行业有一个非常有趣的现象,开发人员认为测试人员应该为软件质量负责,而测试人员却认为开发人员应该为软件质量负责。

开发人员的理由是,测试人员存在的价值就是发现缺陷,况且测试是软件质量的最后一道关口,不应该有缺陷遗漏出去。

测试人员的理由是,软件质量是设计出来的,不是测试出来的,软件设计的质量已经如此,无论怎样测试质量都不会有明显的提升。

貌似双方都有道理,实则双方都没有道理。软件质量应该由多个方面的专业人员共同保证。需求分析人员提供清晰、完整的需求;软件开发人员进行良好的设计,编写高质量的代码;软件测试人员找出潜藏的缺陷,为软件质量评价提供足够的数据支撑。只有各方面的专业人员精诚合作,才能够保证软件质量。

另外,从软件测试的二八原则来看,开发人员应该能够发现软件中 80% 的缺陷。而在开发人员未能发现的 20% 的缺陷中测试人员能够发现其中 80% 的缺陷,剩下 4% 的缺陷可能在用户使用过程中被发现,也有可能永远不会被发现。

1.3 软件测试分类

1.3.1 按不同阶段划分

按不同阶段划分,可以将软件测试分为单元测试、集成测试、确认测试、系统测试和验收测试。

1. 单元测试

单元测试是针对软件设计的最小单位进行测试,这里的最小单位可以是模块,或面向对象编程中的类。单元测试的目的是检查每个程序单元能否正确实现详细设计说明中的模块功能、性能、接口和设计约束等要求,发现各模块内部可能存在的各种错误。

2. 集成测试

集成测试又称为组装测试,在单元测试的基础上,将各个程序单元进行有序、递增的组合测试。集成测试的目的是验证软件单元之间、软件单元和已集成的软件系统之间的接口关系,并验证已集成的软件系统是否符合设计要求。

3. 确认测试

确认测试是对已完成集成的软件系统进行测试。其目的是验证软件系统本身是否与需求规格说明书中的要求一致。

4. 系统测试

系统测试是在真实或模拟系统运行的环境下对集成了硬件和软件的系统进行测试。其目的是检验系统在真实工作环境下的运行情况,以验证完整的软硬件系统能否实现用户的实际需求。

5. 验收测试

验收测试是按照项目任务书或合同、供需双方约定的验收依据文档对整个系统进行测试以确定系统是否达到验收标准。验收测试的结论作为需求方是否接受该软件的主要依据。

1.3.2 按是否需要了解内部结构划分

按是否需要了解内部结构划分,可以将软件测试分为黑盒测试、白盒测试和灰盒测试。

1. 黑盒测试

黑盒测试又称为数据驱动测试,在不了解软件内部结构的情况下,根据软件需求说明书中的要求设计测试用例,输入测试数据并验证输出结果,以验证软件表现是否与需求规格说明书中的要求一致。

2. 白盒测试

白盒测试又称为逻辑驱动测试,对软件的结果进行分析,并设计测试用例,对软件的结构和执行路径进行检查,以验证软件是否能够按照设计说明书中的描述正常执行。

3. 灰盒测试

灰盒测试也是一种数据驱动测试,与黑盒测试不同的是,根据需求规格说明书设计测试用例后,通过了解软件的内部结构补充测试用例,以提高测试的覆盖率。

1.3.3 按是否需要运行程序划分

按是否需要运行程序划分,可以将软件测试分为静态测试和动态测试。

1. 静态测试

静态测试是在不运行软件的情况下对软件进行测试,通过对程序代码和文档进行检查,可以发现可能存在的错误。

2. 动态测试

动态测试是在运行软件的情况下对软件进行测试,通过输入数据来检查输出结果是否正确。

第 2 章

单元测试概述

本章导读

进行单元测试之前,开发者需要了解什么是单元测试,以及单元测试为什么那么重要。当一个公司要推行单元测试时,大多数开发者内心是抗拒的。需求变化快、代码设计不好以及不知道从哪里开始,都可以成为不进行单元测试的理由。而实际上终极的原因只有一个,那就是开发者还不知道单元测试的好处。要想知道单元测试有什么好处,唯一的办法就是去尝试。

2.1 什么是单元测试

单元测试是针对软件设计的最小单位进行测试。单元测试的"单元"在《GB/T15532 计算机软件测试规范》中的解释为"可独立编译或汇编的程序模块"。在实际操作中,可以将承担一个单一职责的功能模块称为一个单元。

在 C++语言中,通常情况下一个类会承担一个单一的职责,那么按类来划分单元是相对比较合理的。在 C 语言中,通常情况下一个文件中的代码会承担一个单一的职责,那么按文件来划分单元是相对比较合理的。

当然这也不是绝对的,在实际测试过程中还可以根据实际情况进行调整。读者只需要掌握单元划分的基本原则:一个单元不能承担太多的职责;一个单元不能依赖太多其他的单元。

2.2 单元测试的重要性

这里通过一个例子来讲解单元测试的重要性。假如有一个对两个整数进行加法运算的函数,如果采用黑盒测试的方法进行测试,那么要进行完全测试,在 32 位系统中需要 $2^{32} \times 2^{32} = 2^{64}$ 个测试用例。如果每一秒执行 100 万个测试用例,需要 60 万年!从经济的角度来看,这样的测试是不可取的,只能选取少量具有代表性的数据进行测试。假如某位开发者编写的代码像程序清单 2.1 这样,通过选取少量的测试数据可以发现这样的问题吗?可以说,靠黑盒测试发现这个问题的几率为 0!

程序清单 2.1　有内部错误的代码

```
1    int add(int a, int b)
2    {
3        if (a == 1258 || b == 1258)
4        {
5            return 0;
6        }
7        return a + b;
8    }
```

下面介绍各阶段测试的区别：
- 单元测试的侧重点在于发现单元内部的逻辑错误，属于白盒测试；
- 集成测试的侧重点在于发现各软件单元之间的配合情况，通常是白盒测试和黑盒测试相结合；
- 确认测试主要是验证软件本身是否满足用户的需求，属于黑盒测试；
- 系统测试主要是验证软硬件系统在实际环境中是否能够满足用户的需求，属于黑盒测试；
- 验收测试是根据验收标准对整个系统进行验收，属于黑盒测试。

不难发现，确认测试、系统测试和验收测试都属于黑盒测试，无法有效发现程序清单 2.1 中的问题；集成测试虽然也使用白盒测试，但集成测试的关注点往往是各单元的配合情况，所以也很难发现单元内部的问题。那么要想有效地发现程序清单 2.1 中的问题，就只能进行单元测试了。

也许读者会问，谁会在程序中植入这样的错误呢？这种情况也不是不可能，几年前就有一位软件开发者在银行的 ATM 软件中植入了一个错误，自制白卡取现数十万元。

当然，大多数情况并不是软件开发者有意为之，而是疏忽导致一些错误。在 2011 年温州动车事故调查中，工信部五所针对事故车辆的控制代码进行单元测试，发现有一段报告状态的代码在检测不到状态后并没有报告故障，而是使用上一个正常状态进行上报。虽然最后调查显示事故是多方面原因引起的，但如果这一段代码能够正确报告故障状态，是完全可以避免事故发生的。

在实际软件开发过程中，即使没有出现严重事故，通常也会遇到以下麻烦：
- 在代码编写完成后，往往程序无法直接运行，或者是一运行就出错，开发者需要对程序进行调试。由于这时软件已经很复杂，通常需要调试很长时间程序才能运行起来。
- 在经历漫长的调试过程后，程序终于能够运行起来。然而在提交到测试部进行测试时，会发现大量缺陷。修改这些问题会花费开发者很多时间，同时测试部同事也不得不花费很多时间去验证这些缺陷。

- 由于系统比较复杂,很多状态具有不确定性,出现问题比较随机,因此测试部会发现很多无法重现的缺陷,根本不知道如何修复,产品上线后总是担心这些缺陷会再次出现。
- 由于系统比较复杂,某些缺陷需要花上数周甚至数月的时间来定位原因,从而浪费大量的时间。
- 在修改缺陷的过程中,常常会产生新的缺陷。而测试人员往往不能有效地发现这些新产生的缺陷。如果要发现这些缺陷,必须对整个系统重新测试一遍,浪费大量的人力物力。
- 由于不知道系统里面有多少缺陷,无法估计测试完成的具体时间。
- 没有单元测试要求,开发者对代码的设计较随意,给代码维护造成很大的麻烦,或者根本无法维护,所以大多数开发者在维护其他人编写的代码时都有重新编写的冲动。
- 由于系统测试属于黑盒测试,某些关键路径无法覆盖到,会导致产品在客户应用现场出现问题,给公司造成重大损失。

由此可见,不进行单元测试看起来是方便了,又节约了时间,而实际上会造成很多问题。接下来我们来看看单元测试如何解决这些问题:

- 由于单元测试是与编码过程同步进行的,可以保证代码是随时可运行的状态,在代码编写完成后不需要调试就可以直接运行,或者只需要很短的时间进行调试。
- 由于大部分缺陷在单元测试阶段已经被发现,在系统测试阶段发现的缺陷会大大减少,测试效率提高的同时开发者花费在修复缺陷上的时间也相应减少了。另外,工作量减轻后测试人员会有更多的时间进行深入的测试,有助于发现更多深层次的缺陷。
- 由于单元测试是针对各个具体的软件单元,状态的不确定性会大大减少,重现缺陷的机会会大大增加,开发者修复问题会更加容易。
- 由于单元测试是针对各个具体的软件单元,一旦发现缺陷就可以确定是当前的软件单元有问题,这样缺陷就很容易被定位。
- 由于单元测试可以自动进行回归测试,当修改过程中产生新的缺陷时,能够立即被发现并得到有效的修复。
- 由于大部分缺陷在单元测试中被发现,系统测试中发现的缺陷将大大减少。同时,测试的不确定性也将大大减少,评估的测试时间会更加准确。
- 单元测试对代码会有一定的要求,设计得不好的代码无法开展单元测试,这样就会迫使开发者对代码进行更好的设计。
- 在系统测试中无法覆盖的路径在单元测试中可以轻松地覆盖,降低了遗漏缺陷的风险。

2.3 单元测试推行困难的原因

前面介绍了单元测试的必要性,以及单元测试带来的各种好处。但在单元测试的实际推进过程中,很多开发者是抗拒的。这究竟是什么原因呢?

作者从 2016 年就在公司开始推行单元测试,结果是困难重重,至于原因也是多方面的。通过作者与几位开发者的谈话,大概了解了开发者不愿意进行单元测试的原因。

作者与其中一位开发者(这里称为 A 先生)的谈话发下:

作者:公司现在要推行单元测试,各个项目要进行单元测试,你们开发的软件也要进行单元测试。

A 先生:进行单元测试有什么好处?

作者:进行单元测试可以帮助我们提前发现问题,缩短在系统测试的时间降低修复问题的成本。

A 先生:可是单元测试也需要时间呀,把时间花在单元测试上和花在系统测试上不是一样吗?

作者:单元测试花费一些时间,在系统测试过程中会节省更多的时间,同时有些问题在系统测试中无法发现,只能在单元测试阶段发现,这样可以降低产品在客户那里出现问题的风险。

A 先生:有没有具体的案例?

作者:M 先生的一个项目进行了单元测试,按照以前测试的经验,相同规模的项目的测试时间在一个半月左右,产品发布出去后客户都会反映有问题。M 先生的那个项目花费两周时间进行单元测试之后,系统测试一周就搞定了。现在客户已经使用两个月了,没有反馈有问题。

A 先生:哦。

通过谈话的内容可知,虽然作者给出了具体的案例,但是 A 先生似乎并没有了解到单元测试的好处。其实如果没有进行尝试,再好的案例也无法让软件开发者相信单元测试带来的好处。

作为软件开发者,想知道单元测试是否真的有效,最好使用自己的一个项目实际尝试一下。就像谈话中提到的 M 先生,他在进行一个项目的尝试之后了解了单元测试的好处,在其后面开发的项目中就自发地进行单元测试了。

作者与另外一位开发者(这里称为 B 先生)的谈话内容如下:

作者:公司现在要推行单元测试,各个项目要进行单元测试,你们开发的软件也要进行单元测试。

B 先生:单元测试的好处我知道,但是不知道如何开始啊。

作者:M 先生的一个项目进行了单元测试,我可以与 M 先生商量把他们的代码开放给你。

B先生：好吧。

在开放了代码的几天后。

作者：M先生项目的代码看完了吗，现在知道单元测试如何开始了吗？

B先生：看是看了，但我们的项目和M先生的项目不一样啊，用我们的项目还是不知道怎么开始啊。

作者：这样吧，把你的一段代码给我，我帮你编写一个示例，你就知道怎么开始了。

B先生：好吧。

在作者编写完成测试代码的几天后。

作者：代码看了吗，怎么样？

B先生：看了。不过现在我的代码需求还不是很明确，后面代码还需要进行修改，单元测试代码现在写好了，后面程序代码修改了，单元测试还得继续修改，我现在就是做无用功了啊。单元测试我还是先缓缓，等程序代码基本稳定后再编写单元测试代码吧。

作者：好吧，你的这个软件完成前一定得把单元测试添加上。

B先生：好的。

作者：进行过程中遇到问题随时找我，我们一起来沟通解决。

B先生：好的。

通过谈话内容可知，B先生了解单元测试的好处，但是不知道该怎么开始。其实要想知道如何开始，最好的办法就是去尝试，只有尝试了，才能知道会遇到什么问题，这样就可以慢慢熟悉起来。这位B先生还提到另外一个问题，需求经常变化，那么前期编写的单元测试代码岂不是白费了？这是进行需求分析时值得思考的一个问题。

作者与另外一位开发者（这里称为C先生）的谈话内容如下：

作者：公司现在要推行单元测试，各个项目要进行单元测试，你们开发的软件也要进行单元测试。

C先生：我们的产品与硬件相关较大，很多状态需要借助其他设备检测，不能进行单元测试。

作者：可以将与硬件相关的部分隔离开来，只测试与硬件无关的部分。

C先生：可是我们的硬件资源有限，无法进行单元测试。

作者：可以开发测试桩，在PC上就可以进行单元测试，不需要在实际的硬件环境中进行。

C先生：开发测试桩需要很多时间吧？

作者：有现成的框架可以帮我们生成测试桩，我们只需要编写少量的代码就可以生成测试桩。

C先生:好的,那我可以试试。

通过谈话内容可知,C先生主要认为与硬件相关的产品无法进行单元测试,所以不愿意进行单元测试。可以使用测试桩解决这个问题,只要这个问题解决了,单元测试就会比较容易开展。

作者与另外一位开发者(这里称为D先生)的谈话内容如下:

作者:公司现在要推行单元测试,各个项目要进行单元测试,你们开发的软件也要进行单元测试。

D先生:好的,我试试。

过了几天后。

作者:单元测试进行得怎么样了?

D先生:这个代码之前是别人编写的,我现在是维护。这个代码设计得很不好,只有很少部分能够编写测试代码,大部分不能编写测试代码。

作者:那只能对代码进行重构了。

D先生:是的。但是重构要花费很多时间,现在只是修复缺陷,必要时再重构吧。当前我只能尽量把能编写测试代码的编写上。

作者:那也只能这样了。

这位D先生提到一个问题,就是软件设计不好的话无法开展单元测试,所以好的设计是非常重要的。

作者与另外一位开发者(这里称为E先生)的谈话内容如下:

作者:公司现在要推行单元测试,各个项目要进行单元测试,你们开发的软件也要进行单元测试。

E先生:这个项目时间很紧,公司要求3个月必须做出来,所以不能进行单元测试。

作者:如果现在没有时间做单元测试,后面系统测试需要的时间肯定比现在单元测试需要的时间长,为什么不能现在找领导多争取一些时间呢?

E先生:后面发现缺陷了再说吧,到时候领导自然会给时间的。

作者:既然都是要争取时间,那就现在去争取吧。

E先生:要不你去找领导说一下,争取单元测试的时间吧。

作者:我不负责这方面的事情,做项目计划是你们的事情,你可以找领导商量,就说如果3个月就要完成这个项目,只能不做单元测试,看领导是否会同意。

E先生:那我去找领导争取些时间吧。

这位E先生的理由可谓是大部分开发者的理由,很多开发者都以项目时间紧为由拒绝进行单元测试。在他们看来开发软件的首要任务是做出功能来,单元测试是可有可无的。

通过前期与各开发者的沟通,感觉大家的疑虑都已经解决,然而在实际推行过程中并不是很顺利。作者在一段时间后又对各项目的单元测试情况进行了回访,令人

失望的是,大部分项目都没有做单元测试。其原因是什么呢?下面是作者与他们(这里统称为 K 先生)的对话:

作者:根据之前的沟通情况,我现在来验收单元测试成果,做得怎么样啊。

K 先生:没有做,项目太忙,忘记了。

作者:单元测试得做啊,项目忙就不做似乎不能成为理由吧。

K 先生:我们以前的方式挺好的啊,公司流程中又没有强制要求做,反正后面有测试部帮我们测试嘛。

作者:公司流程中没有要求就不做啊?

K 先生:没有流程要求又有谁会愿意改变自己呢?

作者:公司流程有要求你就会做对吧?

K 先生:公司流程中若有要求,我相信大家都会做的,不用你来要求。

由此可见,单元测试之所以推行困难,最大的问题并不是技术问题,主要是两个原因:一是对单元测试的重要性不了解;二是不想改变现有的开发模式。

单元测试要想取得成功,需要每位软件开发者都做出一些改变。只要能够走出目前的舒适区,强迫自己去做一些单元测试工作,就能尝到单元测试带来的好处。

2.4 为什么不是 TDD

TDD(Test‐Driven Development,测试驱动开发)在很长一段时间都被认为是敏捷开发的最佳实践,然而 TDD 也有自身的缺点。如果完全按照 TDD 中要求的方法来开发,可能会出现一些问题。

2.4.1 TDD 概述

TDD 是一种增量式软件开发技术,即在没有失败的单元测试的前提下不可以编写产品代码,开发产品代码的目的仅仅是让测试通过,依靠测试来推动开发的过程。

在 TDD 开发过程中,开发者首先编写一个单元测试用例使得测试失败,然后开始编写产品代码以通过测试,测试通过即进行下一个单元测试用例的编写,以此循环。要求单元测试用例要足够小,同时要能够自动测试。TDD 的开发过程如下:

➢ 编写一个新的测试用例;
➢ 编译代码,可能编译不通过;
➢ 对功能代码做一部分改动,使得编译通过;
➢ 运行所有测试,这时只有新的测试用例未过;
➢ 修改代码,让新的测试用例通过;
➢ 运行所有测试,确保所有测试用例通过;
➢ 对代码进行重构,消除重复设计。

由此可见,在 TDD 开发过程中,每次对代码进行微小的改动,都会运行所有的测试用例。这样一来,若修改代码产生新问题,将立即暴露出来,大大缩短了定位问题的时间。

2.4.2 TDD 的缺点

毋庸置疑,TDD 可以帮助软件开发者解决很多没有单元测试的问题,然而 TDD 自身的缺点也是显而易见的。

1. TDD 扭曲了开发的目标

首先请思考一个问题:开发的最终目标是什么？在开发一个产品时,最终的目标当然是产品要成功,要赢得市场。而在 TDD 中,通过测试成了开发产品的首要目标。产品会做成什么样、是否会成功,完全由测试决定。

2. TDD 让开发者做了很多无用功

在 TDD 中,开发者需要忍住一次性把代码编写好的冲动,甚至鼓励为了通过测试编写一些与实际功能无关的代码,在测试过程中再来修改产品的代码,最终实现要实现的功能。本来可以一次性完成,却要分成很多个阶段,而每个阶段都要编译、运行一些看起来并没有作用的代码,无疑浪费了很多宝贵的时间。

3. TDD 让开发者轻设计、重重构

在 TDD 的实践中,软件开发者并不需要对产品进行设计,只需要对测试用例进行设计,开发代码只需要让测试通过就可以了。当发现代码中有过多冗余时,开始重构代码。开发过程在不断重构过程中进行,效率不会太高。

2.5 单元测试如何做

2.5.1 加强需求分析

需求变化较频繁会给单元测试带来很大的困难。当软件需求变化时,软件的很多代码需要重写,这样之前编写的单元测试代码就无用了。长此以往,开发者就会对单元测试失去信心,认为单元测试就是在浪费时间。

也许读者会说,需求变化是无法避免的啊。确实如此,但是如果变化太频繁,那就是有问题。在很多时候,并不是需求变化,而是一开始就没有把需求分析得很详细。只要在需求分析上下足了工夫,就会发现需求变化其实没有想象得快。

弄清楚以下几个问题有助于开发者进行详细的需求分析：
- 产品的目标用户是谁；
- 目标用户会如何使用产品；
- 产品为目标用户提供哪些具体的功能；
- 针对每一个具体的功能,输入、输出、使用流程分别是什么。

当然，目前有许多有关需求分析的专业书籍，作者就不在此班门弄斧了。

2.5.2 可测试性设计

不好的设计会给单元测试带来极大的困难。通常情况下，UI(User Interface，用户界面)和与硬件相关的部分代码是无法进行单元测试的，所以需要将这部分代码与处理逻辑完全分离开来。如果逻辑代码与各模块之间耦合性太强，就会给单元测试带来极大的困难，所以开发者在设计时需要尽量解耦。

2.5.3 测试代码随时与软件代码保持一致

部分开发者在刚开始进行单元测试时确实能够给项目提供很大的帮助，然而在项目迭代过程中单元测试的作用逐渐减小，以至于到最后单元测试完全失去作用。究其原因，是因为在项目迭代过程中，并没有同步修改测试代码，以至于到最后单元测试代码完全无法使用。

在项目开发过程中，需要保证单元测试代码的编写和软件的开发过程是同步进行的。当软件代码发生改变时，单元测试代码也要对应修改，保证单元测试代码与软件代码随时保持一致，这样才能使单元测试起到实际的使用。

2.5.4 单元测试技术要求

在《GB/T15532 计算机软件测试规范》中对单元测试做出如下要求：

- 对软件设计文档规定的软件单元的功能、性能、接口等应逐项进行测试；
- 每个软件特性应至少被一个正常测试用例和一个被认可的异常测试用例覆盖；
- 测试用例的输入应至少包含有效等价类、无效等价类和边界数据值；
- 在对软件进行动态测试之前，一般应对软件单元的源代码进行静态测试；
- 语句覆盖率应达到 100%；
- 分支覆盖率应达到 100%；
- 应对输出数据及其格式进行测试。

第3章

静态测试

📖 本章导读

静态测试是在不运行软件的情况下对软件的代码及文档进行检查。动态测试能够发现问题,而静态测试更多的是发现一些潜在的风险。

可以从编码规则检查、代码结构分析和代码评审三个方面进行静态测试。前两者可以由专业的工具来完成,后者则由人工来完成。本章将简单介绍如何从这三个方面来实施静态测试。

3.1 静态测试概述

静态测试是在不运行软件的情况下对软件进行测试,通过对程序代码和文档进行检查来发现可能存在的错误。动态测试能发现很多问题,但在实际开发过程中,有许多问题是动态测试无法发现的。

命名不合理、模块划分不合理、代码缩进不合理、代码注释不清晰、代码结构复杂、使用不安全的宏、代码无法跨平台等,这些问题不会直接导致产品失效,但会使得代码很难理解、很难维护。同时,这些问题在动态测试中基本无法发现,只能靠静态测试来发现。

可以从编码规则检查、代码结构分析和代码评审三个方面进行静态测试。编码规则检查是将在编码过程中的一些注意事项形成规则并使用相关工具进行检查;代码结构分析是使用工具对代码结构进行分析,避免代码过于复杂;代码评审则是由人对代码进行阅读,以发现代码中一些潜在的错误。

3.2 编码规则检查

开发者在编写代码时,需要遵守一定的规则。首先要遵守语法规则,不符合语法规则的代码无法被编译器识别,那么编译器就会以编译错误的形式进行提示,开发者只有修改了这些问题才能编译通过。还有一类问题不会导致编译器无法识别,但是会在程序运行过程中产生一些隐患,给代码的后续移植和维护带来困难,这一类错误在编译时一般以警告的方式进行提示。

一般来说，将编译器的警告等级设置到最高时能够提示发现大部分的问题，所以在开发过程中首先需要将编译器的警告等级设置为最高，然后消除编译器报告的所有警告。消除编译器的所有警告后，代码可靠性就比较高了。如果需要进一步提高代码的可靠性，可以通过专业的编码规则检查工具来实现。

当前能够进行编码规则检查的工具有不少，本节选择 pc-lint 作为编码规则检查工具。与其他工具相比，pc-lint 的检查更为全面，集成了很多行业标准，这样输出的检查报告能够得到行业的认可。pc-lint 是一个商业版的软件，需要使用的读者可自行购买。

本节以一个闰年判断函数来介绍如何使用 pc-lint 来进行编码规则检查，闰年判断函数详见程序清单 3.1。

程序清单 3.1　闰年判断函数

```
1    #include "leapyear.h"
2
3    bool_t IsLeapYear(int year)
4    {
5        bool_t flag = FALSE;    //默认值为平年
6        /* 400 整数倍;4 整数倍而非 100 整数倍 */
7        if((0 == year % 400) || (0 != year % 100) && (0 == year % 4))
8        {
9            flag = TRUE;
10       }
11       return flag;
12   }
```

由于不同项目的编译环境、严格程度不同，所以需要为不同项目编写不同的配置文件。

可以编写 3 个配置文件：rule.lnt、options.lnt、source.lnt。rule.lnt 用于选择对应的检查规则，options.lnt 用于配置检测选项，source.lnt 用于指定源文件列表。通常情况下，同类型的不同项目中 rule.lnt、options.lnt 是可以复用的，而 source.lnt 对于每个项目都不一样。

3.2.1　规则配置文件

首先需要编写一个检测规则配置文件 rule.lnt。pc-lint 内置不同的编译器、集成开发环境以库文件相关的配置文件，在编写规则配置文件的过程中可以直接引用这些文件，而不需要用户自己配置。这些文件位于 pc-lint 安装目录下的 lnt 目录中，扩展名为 .lnt。

在 pc-lint 中，带 "co-" 前缀的配置文件与编译器相关，在 pc-lint 的官方网页中可以查询到每个配置文件对应的编译器，其中部分内容详见图 3.1。

```
co-msc20.lnt      (Microsoft 9.x)
co-msc40.lnt      (Microsoft 10.x)
co-msc50.lnt      (Microsoft 11.x)
co-msc60.lnt      (Microsoft 12.x - 11/2/09)
co-msc70.lnt      (Microsoft 13.0 (.NET) - 3/16/11)
co-msc71.lnt      (Microsoft 13.1 (.NET) - 3/16/11)
co-msc80.lnt      (Microsoft 14.0 (.NET) - 3/16/11)
co-msc80.h        (Microsoft 14.0 header)
co-msc90.lnt      (Microsoft 15.0 - 3/16/11)
co-msc90.h        (Microsoft 15.0 header)
co-msc100.lnt     (Microsoft 16.0 - 9/19/13)  UPDATED
co-msc100.h       (Microsoft 16.0 header)     UPDATED
co-msc110.lnt     (Microsoft 17.0 - 2/17/14)  UPDATED
co-msc110.h       (Microsoft 17.0 header)     UPDATED
```

图 3.1 与编译器相关的配置文件

带"env-"前缀的配置文件与集成开发环境相关,在 pc-lint 官方网页中可以查询到每个配置文件对应的集成开发环境,其中部分内容详见图 3.2。

```
env-vc2.lnt       (Microsoft Visual C++ 2.x IDE)
env-vc4.lnt       (Microsoft Visual C++ 4.x IDE)
env-vc5.lnt       (Microsoft Visual C++ 5.x IDE)
env-vc6.lnt       (Microsoft Visual C++ 6.x IDE)
env-vc7.lnt       (Microsoft Visual C++ 7.x IDE (.NET))
env-vc8.lnt       (Microsoft Visual C++ 8.x IDE (.NET))
env-vc9.lnt       (Microsoft Visual C++ 9.x IDE (.NET))
env-vc10.lnt      (Microsoft Visual C++ 10.x IDE (.NET) - 1/3/13)
```

图 3.2 与集成开发环境相关的配置文件

带"lib-"前缀的配置文件与使用的库文件相关,在 pc-lint 官方网页中可以查询到每个配置文件对应的库文件类型,其中部分内容详见图 3.3。

```
lib-win.lnt       (Microsoft windows.h)
lib-w32.lnt       (Microsoft 32-bit windows.h)
lib-wnt.lnt       (Microsoft Windows NT)
lib-mfc.lnt       (Microsoft Foundation Class Library)
lib-ole.lnt       (Microsoft OLE Library)
```

图 3.3 与库文件相关的配置文件

在规则配置文件中直接引用与环境相关的配置文件以及选项配置文件 options.lnt 和源文件列表 source.lnt 即可。以程序清单 3.1 中的闰年判断函数为例,规则配置文件详见程序清单 3.2。

程序清单 3.2 规则配置文件 rule.lnt

```
1    -i"D:\Program Files\lint\lnt"
2
3    co-msc100.lnt
4    env-vc10.lnt
5    lib-w32.lnt
6
7    options.lnt
8    source.lnt
```

在程序清单 3.2 中的最前面还添加了一行代码"-i"D:\Program Files\lint\lnt"",那是因为 pc-lint 内置的配置文件位于 pc-lint 安装目录下的子目录 lnt 中,需要指定这个包含目录以便 pc-lint 能够找到对应的配置文件。

本例中,使用的编译器为 Visual Studio 2010(co-msc100.lnt),集成开发环境为 Visual Studio 2010(env-vc10.lnt),库文件类型为 win32 库(lib-w32.lnt)。

3.2.2 pc-lint 选项说明

在使用 pc-lint 进行编码规则检查时,需要进行一些选项的配置:如检查等级、变量大小、输出格式等。本小节将介绍 pc-lint 常用的选项。读者如需了解 pc-lint 所有的选项,可以自行查看 pc-lint 用户手册。

1. 与检查等级相关的选项

在 pc-lint 中,根据严格程度的不同,将检查规则分为 4 个等级。当设置了检查等级后,pc-lint 检查不高于指定等级的所有规则。比如,若设置了检查等级为 3 级,则 pc-lint 将会检查 1 级、2 级和 3 级相关的规则。

① 1 级为编译错误。若违反 1 级的规则,代码将无法通过编译。

② 2 级为编译警告。若违反 2 级的规则,编译器会给出警告。

③ 3 级为编译提示。在部分编译器中,当设置警告等级为最高时,会进行部分 3 级规则的检查,若违反这部分规则,编译器会给出警告。3 级中还有一部分规则是编译器无法检查的。

④ 4 级为附加检查规则的内容。部分行业标准会在 3 级的基础上增加一些检查规则,这些规则都属于 4 级的相关规则。

使用"-w<lev>"设置检查等级,例如使用"-w3"可以指定检查等级为 3 级。在没有设置时,默认按 3 级进行检查。

在开发过程中,库文件通常是不能修改的。如果 pc-lint 报告库文件的警告信息,则分析数据会受到干扰。在 pc-lint 中,可以使用"-wlib(<lev>)"设置库文件的检查等级。例如,使用"-wlib(2)"设置库文件的检查等级为 2 级。

同时,pc-lint 还支持忽略部分规则以及增加一些规则。例如,在进行 3 级检查时,有时需要忽略一些 3 级的相关规则,或者增加一些 4 级的规则。表 3.1 所列为用于忽略和增加规则的选项。各编号对应规则的具体内容在 pc-lint 用户手册中可以找到。

表 3.1　与检查等级相关的选项

选　项	说　明
－efile(♯,＜file＞)	针对文件 file,忽略指定编号的规则
＋efile(♯,＜file＞)	针对文件 file,增加指定编号的规则
－efunc(♯,func)	针对函数 func,忽略指定编号的规则
＋efunc(♯,func)	针对函数 func,增加指定编号的规则
－e♯	针对所有文件,忽略指定编号的规则
＋e♯	针对所有文件,增加指定编号的规则
－elib(♯)	针对所有库文件,忽略指定编号的规则
＋elib(♯)	针对所有库文件,增加指定编号的规则

2. 与库文件选择相关的选项

pc-lint 支持单独设置库文件的检查规则;同时,pc-lint 还提供指定哪些文件是库文件的选项。

使用"＋libclass(＜条件＞)"可以指定哪些头文件被认为是库文件,可以是以下条件:

- angle:所有使用"＜＞"包含的的头文件。
- foreign:与源文件不在相同目录下的所有头文件。
- ansi:所有标准 C/C++的头文件。
- all:所有头文件。

多个条件可以同时使用,例如可以使用"＋libclass(angle,foreign)"指定所有使用"＜＞"包含的头文件和所有标准 C/C++的头文件为库文件。

另外,pc-lint 还支持指定库文件目录,库文件目录下的所有头文件都被认为是库文件;也可以将某个文件添加为库文件或者从库文件列表中移除某个文件。相关的选项详见表 3.2。

表 3.2　与库文件选择相关的选项

选　项	说　明
＋libdir(dir1,dir2,…)	将多个目录添加到库文件目录中
－libdir(dir1,dir2,…)	将多个目录从库文件目录中移除
＋libh(file1,file2,…)	将多个文件添加到库文件列表中
－libh(file1,file2,…)	将多个文件从库文件列表中移除

3. 与类型大小相关的选项

不同的编译环境中相同的类型大小可能会不一样,比如 int 类型在 16 位、32 位、

64位环境中的大小就不一样。pc-lint定义了一系列选项,用于设置各种类型所占内存的字节数。用于设置类型大小的选项详见表3.3。

表3.3 与类型大小相关的选项

选项	数据类型	默认值	选项	数据类型	默认值
-ss#	short	2字节	-sf#	float	4字节
-si#	int	4字节	-sd#	double	8字节
-sl#	long	4字节	-sp#	指针	4字节
-sll#	long long	8字节			

4. 与输出格式相关的选项

在使用pc-lint进行检查时,pc-lint会将检查的结果输出到一个文本文件中。当某些代码有错误时,默认的错误信息输出格式可能并不利于分析。pc-lint提供了自定义输出格式的选项,使用该选项可以对错误信息的输出格式进行自定义。

可以使用选项"-format=格式字符串"设置输出信息的内容和格式。格式字符串支持转义字符,pc-lint将其转换为对应的内容输出;除转义字符之外的其他字符直接输出。pc-lint支持的转义字符详见表3.4。

表3.4 控制输出格式的符号

转义字符	输出内容	转义字符	输出内容
%f	文件名	%C	列号(从1开始)
%m	错误信息文本	\n	换行
%n	错误编号	\t	Tab键
%t	错误类型	\s	空格键
%l	行号(从1开始)	\q	双引号
%c	列号(从0开始)	\\	反斜杠

3.2.3 选项配置文件

在了解了pc-lint的选项配置之后,就可以编写一个选项配置文件options.lnt以进行相关的选项配置。通常情况下,pc-lint内置的平台配置文件会对大部分选项进行配置,在选项配置文件中只需要进行少量的配置即可。程序清单3.3所示为闰年判断函数的选项配置文件。

程序清单3.3 选项配置文件options.lnt

```
1    -i"C:\Program Files (x86)\Microsoft Visual Studio 12.0\VC\include"
2    -format=File\t%f\nLine\t%l\nMessage\t%t\s%n:\s%m
```

在程序清单3.3中,第1行将库文件路径添加到头文件的路径,以便pc-lint在进行检查时能够找到所引用的头文件;第2行使用-format选项指定输出信息的格式。输出内容为3行,第1行输出文件名,第2行输出行号,第3行输出消息类型和具体的消息内容。

3.2.4 源文件列表

在完成规则配置和选项配置后,需要编写一个源文件列表文件source.lnt以指定需要检查的源文件,详见程序清单3.4。

程序清单3.4 源文件列表

```
1    -i"..\product_code"
2    ..\product_code\*.c
```

在程序清单3.4中,指定检查product_code目录下所有.c文件,第一行指定本项目中的头文件目录。

3.2.5 使用 pc-lint 进行检查

当完成配置后,就可以使用pc-lint对代码进行检查,使用以下命令即可完成检查。

```
lint-nt rule.lnt > result.txt
```

命令执行完成后,pc-lint生成一个结果文件result.txt,该文件中的详细内容详见程序清单3.5。

程序清单3.5　pc-lint默认等级检查结果

```
1    ---Module:   ..\product_code\leapyear.c (C)
2
3    ---Global Wrap-up
4
5    File    ..\product_code\leapyear.c
6    Line    3
7    Message Info 714: Symbol 'IsLeapYear(int)' (line 3, file ..\product_code\leapyear.c) not referenced
8    File
9    Line    0
10   Message Note 900: Successful completion, 1 messages produced
```

在输出信息中,出现一个编号为714的3级信息,从后面的提示信息中可以看出该信息是IsLeapYear函数定义的,但是没有任何地方调用。如果不希望pc-lint出现这条提示信息,就需要对调用它的文件一并进行检查。但是在某些情况下,只需要检查指定的模块,这时就可以使用-u选项告诉pc-lint这只是一个模块,这个函数实际上有可能在其他地方被调用。修改后的源文件列表详见程序清单3.6。

程序清单3.6　加入-u选项的源文件列表

```
1    -u
2    -i..\product_code
3    ..\product_code\*.c
```

在源文件列表中增加-u选项后,再次执行检查命令,pc-lint输出的结果详见程序清单3.7。

程序清单3.7　加入-u选项后的检测结果

```
1    ---Module:   ..\product_code\leapyear.c (C)
2    
3    ---Global Wrap-up
4    
5    File
6    Line      0
7    Message Note 900: Successful completion, 0 messages produced
```

由程序清单3.7可知,闰年判断函数已经通过3级检测。

3.2.6　加入附加检测规则

通常情况下,能够通过3级检测,说明代码质量已经很高。但是在某些行业对代码质量有更高的要求,例如汽车电子行业的MISRA-C标准。pc-lint把这些要求放入4级检测中。由于4级检测中包含众多标准的内容,所以pc-lint提供各种标准的配置文件,在进行检测时引入对应的标准即可实现针对对应标准的检测。pc-lint提供的对应标准的配置文件在pc-lint安装目录下lnt子目录中,以au-为前缀。在pc-lint的官方网页中可以查看每个文件对应的标准,图3.4所示为截取的部分内容。

```
au-barr10.lnt          (Barr Group's Top 10 Bug-Killing Rules - 6/13/14) NEW
au-ds.lnt              (Dan Saks)
au-sm12.lnt            (Scott Meyers C++ books 1992, 1996)
au-sm3.lnt             (Scott Meyers C++ book - 2005)
au-sm123.lnt           (Scott Meyers C++ books - 1992, 1996, 2005)
au-misra.lnt           (points to the latest MISRA C (TM) - 9/11/13)
au-misra1.lnt          (MISRA C 1998 (TM) - 6/12/12)
au-misra2.lnt          (MISRA C 2004 (TM) - 6/13/14)
au-misra3.lnt          (MISRA C 2012 (TM) - 6/12/14)
au-misra-cpp.lnt       (MISRA C++ 2008 (TM) - 6/12/14)
au-misra-cpp-alt.lnt   (MISRA C++ 2008 using 9000 level messages - 6/12/14) NEW
```

图3.4　相关标准的配置文件

这里选择标准Top 10 Bug-Killing Rules(au-barr10.lnt)对闰年判断的代码进行检测,看是否能够通过。加入附加检测规则后的规则配置文件详见程序清单3.8。

程序清单 3.8 加入附加检测规则后的规则配置文件

1	-i"D:\Program Files\lint\lnt"
2	
3	au-barr10.lnt
4	co-msc100.lnt
5	env-vc10.lnt
6	lib-w32.lnt
7	
8	options.lnt
9	source.lnt

加入附加检测规则后,再次执行检测命令,发现多出许多错误,详见程序清单3.9。

程序清单 3.9 加入附加检测规则后的检测结果

1	D:\Program Files\lint\lnt\co-msc100.lnt 456 Note 9059: C comment contains C++
2	comment [BARR10 Rule #5]
3	D:\Program Files\lint\lnt\co-msc100.lnt 457 Note 9059: C comment contains C++
4	comment [BARR10 Rule #5]
5	D:\Program Files\lint\lnt\env-vc10.lnt 169 Note 9059: C comment contains C++
6	comment [BARR10 Rule #5]
7	D:\Program Files\lint\lnt\env-vc10.lnt 170 Note 9059: C comment contains C++
8	comment [BARR10 Rule #5]
9	
10	---Module: ..\product_code\leapyear.c (C)
11	File ..\product_code\leapyear.c
12	Line 0
13	Message Note 9022: unparenthesized macro parameter in definition of macro '__identifier' [BARR10 Rule #9]
14	bool_t IsLeapYear(int year);
15	File ..\product_code\leapyear.h
16	Line 12
17	Message Note 970: Use of modifier or type 'int' outside of a typedef [BARR10 Rule #6]
18	bool_t IsLeapYear(int year)
19	File ..\product_code\leapyear.c
20	Line 3
21	Message Note 970: Use of modifier or type 'int' outside of a typedef [BARR10 Rule #6]
22	}
23	File ..\product_code\leapyear.c
24	Line 12
25	Message Note 952: Parameter 'year' (line 3) could be declared const [BARR10 Rule #2]

26	File ..\product_code\leapyear.c
27	Line 3
28	Message Info 830: Location cited in prior message
29	
30	---Global Wrap-up
31	
32	File
33	Line 0
34	Message Note 900: Successful completion, 9 messages produced

在程序清单3.9中有9条错误信息。其中,前面4条是系统内置的配置文件中产生的错误,需要屏蔽;第5条信息指出宏参数中缺少括号,而实际上源文件中并没有定义宏,属于误报,也需要屏蔽。

由于前面4条错误信息是由系统内置的配置文件中产生的,可以通过调整引入配置文件的顺序来消除这几条错误信息。调整顺序后的规则配置文件详见程序清单3.10。

程序清单3.10　调整顺序后的规则配置文件

1	-i"D:\Program Files\lint\lnt"
2	
3	co-msc110.lnt
4	env-vc10.lnt
5	lib-w32.lnt
6	au-barr10.lnt
7	
8	options.lnt
9	source.lnt

第5条错误信息属于误报,可以使用-e选项屏蔽掉该条告警信息,在选项配置文件中添加对应的选项,详见程序清单3.11。

程序清单3.11　屏蔽了9022错误的选项配置文件

1	-i"C:\Program Files (x86)\Microsoft Visual Studio 12.0\VC\include"
2	-e9022
3	-format=File\t%f\nLine\t%l\nMessage\t%t%s%n:\s%m

对配置文件进行修改后,再次执行检测命令,输出的告警信息详见程序清单3.12。

程序清单3.12　消除了无效告警后的检测结果

1	---Module: ..\product_code\leapyear.c (C)
2	bool_t IsLeapYear(int year);
3	File ..\product_code\leapyear.h
4	Line 12
5	Message Note 970: Use of modifier or type 'int' outside of a typedef [BARR10 Rule #6]

6	bool_t IsLeapYear(int year)
7	File ..\product_code\leapyear.c
8	Line 3
9	Message Note 970: Use of modifier or type 'int' outside of a typedef [BARR10 Rule #6]
10	}
11	File ..\product_code\leapyear.c
12	Line 12
13	Message Note 952: Parameter 'year' (line 3) could be declared const [BARR10 Rule #2]
14	File ..\product_code\leapyear.c
15	Line 3
16	Message Info 830: Location cited in prior message
17	
18	---Global Wrap-up
19	
20	File
21	Line 0
22	Message Note 900: Successful completion, 4 messages produced

从程序清单 3.12 中可以看到，还有 3 个错误存在，同时在错误信息后面还指出违反了哪些规则。显然，代码中违反了规则 6 和规则 2。前面 2 条违规信息指出 int 类型在不同的平台中大小不一致，需要使用大小固定的类型；第 3 条违规信息指出函数的参数 year 应该使用 const 修饰。具体规则的内容将在 3.2.7 小节中介绍。

按照提示内容将函数的参数 year 的类型修改为 int32_t 并使用 const 关键字修饰，修改后的代码详见程序清单 3.13。

程序清单 3.13 修改了编码规则的闰年判断函数

```
1   #include "leapyear.h"
2
3   bool_t IsLeapYear(const int32_t year)
4   {
5       bool_t flag = FALSE;      //默认值为平年
6       /* 400 整数倍;4 整数倍而非 100 整数倍 */
7       if ((0 == year % 400) || (0 != year % 100) && (0 == year % 4))
8       {
9           flag = TRUE;
10      }
11      return flag;
12  }
```

修改后再次执行检测命令，检测成功通过。

3.2.7 预防 Bug 的十大编码规则

通常情况下,能够通过 3 级检测就说明代码质量已经很高。当某些行业有特殊要求时,可以选择引入相关的配置文件进行检测。如果没有特殊要求、但希望进一步提升代码质量,可以选择预防 Bug 的十大编码规则(Top 10 Bug - Killing Rules),这是很多编程方面的书箱中推荐的方法。

1. 规则 1:始终使用大括号

该条规则要求,在 if、else、for、while 这 4 个关键字后面的语句块中即使只有一条语句或没有语句,也必须使用大括号括起来。

若不使用大括号,会带来以下几个问题:

➢ 当需要在语句块中增加一条语句时,有可能会忘记增加括号而引入 Bug;
➢ 如果开发者在调试代码时注释掉语句块中的语句,接下来的一条语句在执行时会发生错误;
➢ 当语句块中的单条语句是宏调用、宏定义里面又包含多条语句时,除第一条语句之外的其他语句在执行时会发生错误;
➢ 当嵌套层次比较多时代码会变得不容易理解,增加维护难度。

如图 3.5(a)~(d)所示的 4 种情况中,箭头左边的代码应修改为箭头右边的代码。

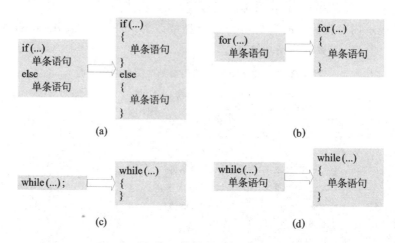

图 3.5 始终使用大括号

2. 规则 2:尽可能使用 const 关键字

如果确定一个变量不会被改变,那么就使用 const 关键字进行修饰。使用 const 关键字有以下两个好处:

➢ 若在修改代码时不小心对对应变量进行了误修改,那么编译器会将其当成一个编译错误,这样就能在编译阶段发现这个错误;

➤ 某些嵌入式编程工具会将 const 修饰的变量存放在 ROM 中,这对 RAM 空间有限的嵌入式系统来说是非常有用的。

如图 3.6 所示的情况中,上面的代码应该修改为下面的代码。

```
bool_t IsLeapYear(int32_t year)
{
    bool_t flag = FALSE;
    if((0 == year % 400) || (0 != year % 100) && (0 == year % 4))
    {
        flag = TRUE;
    }
    return flag
}
```

⇩

```
bool_t IsLeapYear(const int32_t year)
{
    bool_t flag = FALSE;
    if((0 == year % 400) || (0 != year % 100) && (0 == year % 4))
    {
        flag = TRUE;
    }
    return flag
}
```

图 3.6 尽可能使用 const 关键字

3. 规则 3:尽可能使用 static 关键字

在定义函数或全局变量时,如果确定函数或变量只在当前源文件中使用,那么就使用 static 关键字修饰。如果不使用 static 修饰,则其他文件中有可能使用这些变量或函数,显然这是我们不希望看到的。

4. 规则 4:尽可能使用 volatile 关键字

volatile 在多线程编程中用于修饰会被多个线程使用的变量。如果一个变量可能被多个线程使用,那么就要使用 volatile 修饰,以防止编译器优化引入 Bug。

在图 3.7 所示情况中,线程 1 需要等线程 2 将 flag 的值设置为 false 后才能进行下一步处理。在编译器开启优化的情况下,编译器发现在 while 语句块中 flag 的值并没有发生变化,所以编译器在第一次从内存中取出 flag 后,并不是每次判断前都从内存中取值以进行比较,而是每次都使用第一次取出的值进行比较。在这种情况下,即使线程 2 改变了 flag 的值,线程 1 还是处于等待状态。

图 3.7 多线程交互

使用 volatile 关键字就是为了告诉编译器,这个值随时有可能被改变,让编译器每次都从内存中取值。在图 3.7 中,如果在定义 flag 变量时使用 volatile 关键字进行修饰,就不会出现线程1一直等待的问题。

5. 规则5:不要注释掉代码

通常情况下,在以下两种情况下开发者会注释掉代码:

- 调试代码时先注释掉部分代码,调试完毕再恢复;
- 修改代码时担心修改后的代码没有以前的好,先注释掉以前的代码,如果之后觉得以前的代码好,则很容易恢复。

注释掉代码会给维护人员带来困惑:不知道被注释掉的代码是忘记恢复的代码还是不用的老代码。如果害怕修改后的代码没有以前的代码好,可以在修改前将代码提交到版本库中,利用版本管理器管理代码的历史版本。

6. 规则6:使用固定宽度的类型

像short、int、long这些类型在不同的平台上长度可能不一致,那么当代码中使用这些变量时,就有可能给移植代码带来麻烦。开发者在编写代码的过程中应该使用固定宽度的数据类型(int8_t,int16_t,int32_t,int64_t),以方便代码移植。

7. 规则7:不要使用移位运算操作有符号数

使用移位运算符操作有符号数时,并不是所有编译器都能够正确处理符号位,从而带来一些问题。

8. 规则8:有符号和无符号类型不要混用

有符号数和无符号数的范围不同,这可能会造成数据丢失的风险。

9. 规则9:尽量不要使用函数功能的宏

函数功能的宏看起来像一个函数,但实际上与函数又有一些不同。函数功能的宏在使用过程中结果可能与开发者预想的不一样。如果需要定义函数功能的宏,尽量以内联函数代替。

例如,计算两个数的最大值的宏:

```
#define max(x, y)  ((x) > (y) ? (x) : (y))
```

调用的代码如下:

```
n = (max(++i, j));
```

宏展开的结果如下:

```
n = (((++i) > (j) ? (++i) : (j)));
```

可以看到,宏展开后,++i被执行两次,而实际上只需要执行一次,那么得到的n值将是错误的。

10. 规则10:每行只定义一个变量

在一行代码中定义多个变量会带来一些理解上的困难,甚至会造成一些Bug。

例如,在如下代码中原本是要定义两个指针 p1 和 p2,而实际上 p2 并不是一个指针。

```
int * p1, p2;
```

3.3　代码结构分析

3.3.1　代码结构分析概述

在编写代码时,要求结构清晰、接口简单。代码结构过于复杂会带来很多问题:代码很难被理解,不方便编写测试用例,容易隐藏错误,出现问题难以定位,修改代码容易产生新的 Bug 等等。因此,需要有一些指标来评估代码的复杂度,以方便对过于复杂的代码进行重构。

代码的复杂度通常通过以下几个指标来评估:
- 总行数:包括注释以及空行在内的代码行数;
- 语句数目:有效的语句行数,包括#include、#define、#undef 这 3 个预处理命令在内(括号不包含在内);
- 分支语句比例:分支语句占总语句数目的比例;
- 注释比例:注释行占总行数的比例;
- 函数数目:函数的数量;
- 平均每个函数的语句数;
- 函数的圈复杂度;
- 函数最大嵌套层数;
- 类的数量;
- 平均每个类的函数数量。

接下来以程序清单 3.1 中的闰年判断函数为例介绍各个指标的含义。

在程序清单 3.1 中,代码总行数为 12;源文件中语句数目为 6;分支语句为 1 行,所占比例为 1/6;注释为 2 行,所占比例为 2/12;函数数量为 1;平均每个函数包含的语句数目为 4;函数 IsLeapYear 的最大嵌套层数为 2,其中第 9 行处于第 2 层,其他代码处于第 1 层。

为了便于理解函数的圈复杂度,需要绘制出对应的控制流图,详见图 3.8。

从图 3.8 中可以看到,函数 IsLeapYear 的圈复杂度为 4。

3.3.2　软件获取

当前能够进行代码结构检查的工具有不少,本小节选择 SourceMonitor 作为代码结构检查工具。SourceMonitor 是 Campwood Software LLC 拥有版权的自由软件,对于非商业用途可免费使用。

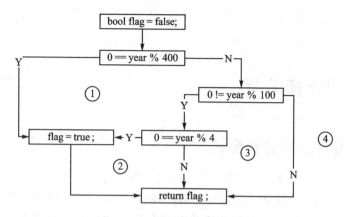

图 3.8 闰年判断函数的控制流图

SourceMonitor 有以下特点：
➢ 支持对 C、C++、C♯、VB.NET、Java、Delphi、Visual Basic 以及 HTML 等多种语言的源代码分析；
➢ 效率高，每秒钟能够分析 10 000 行以上的代码；
➢ 可以修改各个度量指标的阈值。

登录 http://www.campwoodsw.com/sourcemonitor.html，单击 via HTTP 链接即可下载安装包。下载完毕，双击安装包，按向导进行安装即可。

3.3.3 新建项目

打开 SourceMonitor，在主界面中选择菜单 File→New Project，弹出如图 3.9 所示对话框，选择源文件的语言以及需要扫描的文件类型，SourceMonitor 对自动扫描

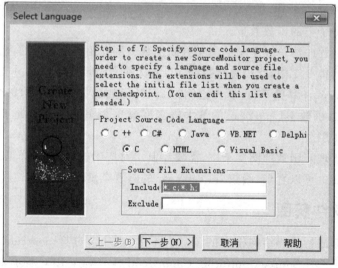

图 3.9 选择语言和文件类型

对应的源文件进行分析。闰年判断函数是使用C语言编写的,所以选择C语言,扫描的文件类型指定.c和.h,然后单击"下一步",弹出如图3.10所示对话框。

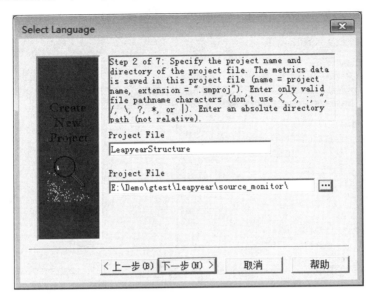

图3.10　设置项目名称和保存路径

设置项目的名称和保存路径,并单击"下一步",弹出如图3.11所示对话框。

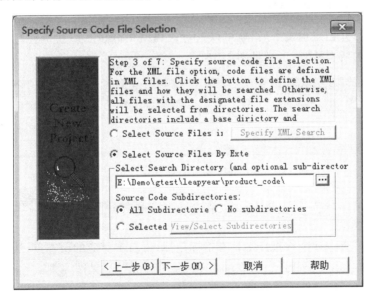

图3.11　设置源代码目录

填入源文件所在的目录,并单击"下一步"继续。

设置源代码目录后,后面所有设置都采用默认设置即可,一直单击"下一步"直到完成。

在新建项目完成后,系统会自动创建一个检查点,可以手动修改检查点的名称和需要检查的文件列表。修改完毕,单击 OK 按钮创建检查点,详见图 3.12。

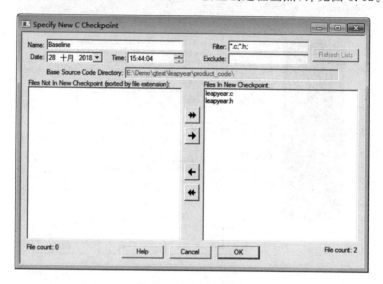

图 3.12 创建检查点

3.3.4 分析代码结构

新建项目并创建检查点后,就可以进行代码结构分析了。在检查列表中列出当前已经创建的所有检查点,详见图 3.13。

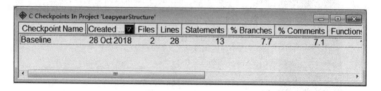

图 3.13 检查列表

针对每个检查点,SourceMonitor 给出了每个度量指标的具体值,可以通过左右划动滚动条查看。

如果需要查看某个检查点是否有指标超标,可右击对应的检查点,然后在右键菜单中选择"Display CheckPoint Metrics Kiviat Graph",详见图 3.14。

打开的指标度量图表详见图 3.15。

从指标度量图表中可以看出,每个指标都有下限和上限值。在实际应用中,要求注释比例和每个函数的平均代码数必须在下限和上限指示的范围内,而其他指标不能超出上限,否则代码需要重构。

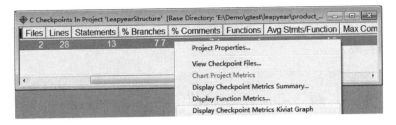

图 3.14 打开度量图表

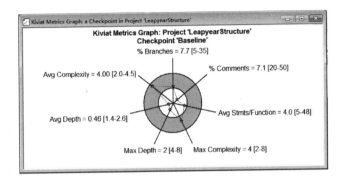

图 3.15 指标度量图表

若从指标度量图表中发现某项指标不合格,则可双击对应的检查点,打开文件列表,在其中可以通过单击表头改变排序方式来快速找到指标不合格的文件。图 3.16 所示为按文件名升序进行排序的文件列表。

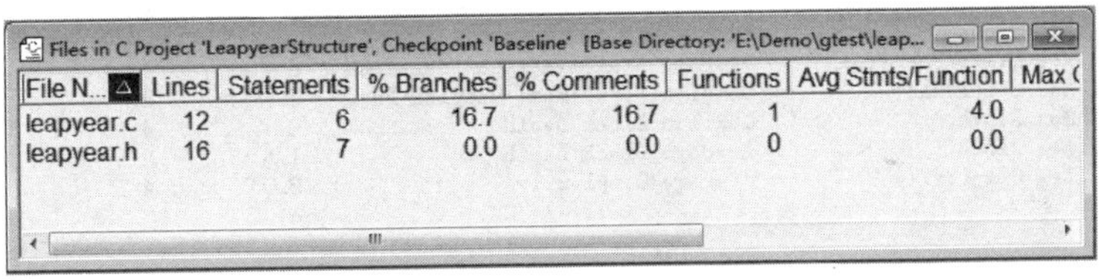

图 3.16 文件列表

右击指标不合格的文件,在右键菜单中选择 Display Function Metrics 打开函数列表,详见图 3.17。

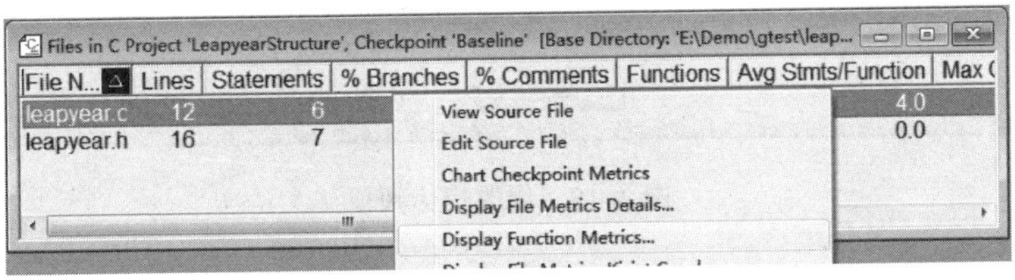

图 3.17 打开函数列表

在打开的函数列表中,可以通过单击表头改变排序方式来快速找到指标不合格的函数,然后就可以对对应的函数进行重构。图 3.18 所示为按照函数名称升序进行排序的函数列表。

图 3.18　函数列表

3.3.5　修改指标阈值

有时开发者可能并不希望使用系统默认的指标阈值,而是希望能够自定义指标阈值。SourceMonitor 支持对各个指标的阈值进行自定义,这样使用时就会更加灵活。在菜单栏中选择 File→Option,打开选项设置对话框。如果需要修改对应语言的阈值,可以选中对应的选项卡进行修改,详见图 3.19。

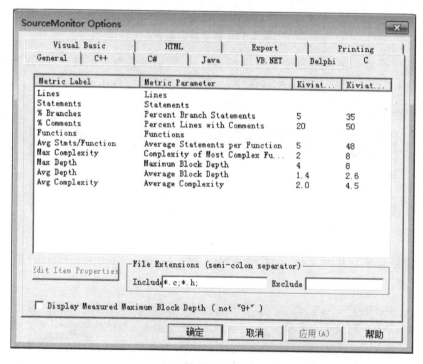

图 3.19　修改指标阈值

3.4 代码评审

编码规则检查能够发现代码中与已有规则不符合的情况;而代码结构分析可以分析代码的复杂度,从而避免产生过于复杂的代码。编码规则检查和代码结构分析在很大程度上提升了代码的质量,但也并不能发现所有问题。要想进一步提升代码的质量,还需要进行代码评审。

代码评审有代码走查和代码审查两种方式。无论是代码走查还是代码审查,都要求代码能够正确通过编译并能够运行,否则代码评审的意义不会很大。

3.4.1 代码走查

代码走查是在评审人员充分理解程序的意图后,设计测试用例,并由人充当计算机的角色,模拟计算机运行程序,以发现程序中的逻辑错误。

首先将评审材料发送给评审小组相关成员,让评审小组充分理解程序的意图。评审材料包括需求文档、设计文档和软件代码。

在评审小组各成员充分理解程序的意图后,设计测试用例,以小组为单位充当计算机的角色,按照测试用例的要求模拟计算机运行程序,在运行过程中大家进行必要的讨论。

由于是模拟程序运行过程,所以在评审过程中很容易知道测试用例的覆盖率情况。若发现已有测试用例无法覆盖部分情况,须补充相应的测试用例,然后继续进行评审。

需要详细地记录评审过程中发现的问题或改进建议,以方便问题的修改和跟进。

代码走查与动态测试类似,都是使用测试用例运行程序。但代码走查并不是真正运行程序,而是以人充当计算机的角色模拟运行程序,能够很容易地覆盖到动态测试由于条件限制无法模拟的情况,但对人的逻辑思维能力要求比较高。

3.4.2 代码审查

代码审查是评审员在充分理解程序的意图后,通过阅读程序代码或由开发者讲解代码的方式发现程序中潜在的错误。

首先将评审材料发送给评审小组相关成员,让评审小组充分理解程序的意图。评审材料包括需求文档、设计文档和软件代码。在评审小组各成员充分理解程序的意图后,即可开始代码审查。

1. 需求确认

审查的第一项内容是程序代码是否正确实现了需求文档中的需求。如果程序代码不能正确实现需求,那么后面的审查就没有任何意义。

在这一环节,针对需求文档中的每一项需求,开发者都需要对代码进行讲解,说明代码是如何实现这些需求的。在开发者讲解过程中,评审人员进行提问以发现问题。

2. 设计确认

审查的第二项内容是程序是否与设计文档中的要求相符。如果与设计文档不符,要么是代码实现有问题,要么是设计文档本身有问题,都需要进行相应的修改。

在这一环节,开发者应该对程序中每一个部分与设计文档中每一部分的对应关系说明清楚。在开发者讲解过程中,评审人中进行提问以发现问题。

3. 代码规范

在确保程序代码正确实现需求且与设计文档相符后,就可以对照代码规范对代码进行评审了。

代码规范是程序编写过程中必须遵守的规则,对于命名规则、缩进规则、注释规则等内容都应该在代码规范中详细定义。在代码审查过程中,评审人员逐行查看代码,检查是否违反代码规范中的规则。

应该根据企业的实际情况制定代码规范,它决定软件代码的风格。代码规范并不是一成不变的,在实际开发过程中,如果某些地方对于不同的开发者有不同的风格,就有必要把相关内容添加到代码规范中。

4. 讨论环节

如果前面3个环节都没有问题,说明代码质量已经非常高了。这时评审团队可以针对代码进行一些讨论。在这一环节通常是提出一些问题,然后进行讨论。例如以下问题就非常值得讨论:

- ➢ 代码的效率足够高吗?
- ➢ 代码的安全性足够高吗?
- ➢ 代码方便后续维护吗?
- ➢ 代码方便后续扩展吗?
- ➢ 代码方便在其他项目中复用吗?
- ➢ 代码是否考虑到所有的异常情况?

3.4.3　如何进行代码评审

在实施代码评审的过程中,读者可能会有两个问题:什么时候评审以及哪些代码需要评审。

1. 什么时候评审

如果项目开发完毕再进行代码评审,那么由于代码量太多,不容易抓住重点,同时评审团队容易疲劳,所以很难达到预期的效果。

建议的做法是:从项目一开始编码就进行代码评审,每天下班前针对当天编写或修改的代码进行一次评审。这种方式下每次评审的代码量不会很大,更容易达到预期的效果;另外,由于较早开始进行评审,能够及时发现问题并进行修改,也能够更快地帮助开发者养成良好的编程习惯,尽可能降低代码的返工率。

2. 评审哪些代码

在进行代码评审时,功能代码需要进行代码走查和代码审查,而测试代码需要进行代码审查。

对功能代码进行评审可以保证产品代码能够可靠地工作且方便维护;而对测试代码进行评审则可以保证动态测试是有效的,因为不可能再编写代码来测试测试代码,只能靠评审来保证它的正确性。

第 4 章

测试用例设计

 📖 **本章导读**

在测试过程中,测试用例设计的过程是必不可少的,单元测试也不例外。由于被测单元的输入范围可能是无限的,所以需要从整个输入范围中选取少量的数据作为代表。在实际操作中,可以使用逻辑覆盖和数据覆盖两种方法。两种方法各有优劣,实际测试过程中需要两种方法配合使用。

4.1 什么是测试用例

"用例"一词来源于软件工程,英文名为 use case。一个用例描述了用户使用系统的一个场景。在这个场景中,用户对系统进行一系列操作并将数据传入系统中,这个过程称为输入;系统以一系列的动作和数据作为响应,这个过程称为输出。

测试用例的英文名为 test case,作者认为叫 test use case 更为合适。一个测试用例描述了测试人员模拟用户使用系统的一个场景。在这个场景中,测试人员模拟用户的输入,并检测系统的输出与用户的期待输出是否一致。

由于用户输入的可能性是无穷无尽的,所以在测试过程中并不能模拟所有用户可能的输入,只能从众多的可能性中挑选一些最具有代表性的输入作为测试用例,尽可能发现系统中潜藏的缺陷。与其说是设计测试用例,不如说是挑选测试用例。只有精心挑选的测试用例,才能尽可能代表用户各种可能的输入,才能让测试真正发挥作用。

在测试用例中,需要定义好输入和预期的输出。在执行测试用例时,将输入给到系统,并判断系统的输出与预期的输出是否一致。

4.2 输入和输出的定义

测试的过程实际上就是控制被测模块的输入、检查被测模块的输出,所以输入和输出的定义在测试过程中是至关重要的。如果输入/输出定义错了,那么测试将变得毫无意义。

在定义输入和输出时,一定是以被测对象作为参考,被测对象不同,输入和输出的定义也不会相同。其他模块传递给被测模块的数据称为被测模块的输入,被测模块传递给其他模块的数据称为被测模块的输出。

可以把依赖被测模块的其他模块称为上层模块,把被测模块依赖的其他模块称为下层模块。当上层模块调用被测模块时,上层模块通过输入参数传递给被测模块的数据为输入,被测模块通过输出参数及返回值传递给上层模块的数据为输出。当被测模块调用下层模块时,被测模块通过输入参数传递给下层模块的数据为输出,下层模块通过输出参数及返回值传递给下层模块的数据为输入。

除了参数和返回值外,上层模块和下层模块均可以通过全局变量给被测模块提供输入,被测模块也可以通过全局变量输出数据到上层模块和下层模块。

输入和输出的详细情况见图 4.1。

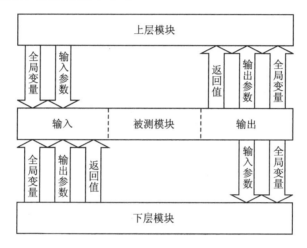

图 4.1 输入/输出的定义

4.3 逻辑覆盖

逻辑覆盖是以程序内部的逻辑结构为基础的测试用例设计方法,其目的是尽可能覆盖程序的语句以及不同的判定条件。逻辑覆盖有语句覆盖(SC)、判定覆盖(DC)、条件覆盖(CC)、条件组合覆盖(MCC)、修正条件判定覆盖(MC/DC)几种方法。为了便于理解各种方法的不同之处,下面以程序清单 4.1 的闰年判断函数进行说明。

程序清单 4.1 闰年判断函数

```
1   bool IsLeapYear(int year)
2   {
3       bool flag = false;
```

```
4       if ((0 == year % 400) || (0 != year % 100) && (0 == year % 4))
5       {
6           flag = true;
7       }
8       return flag;
9   }
```

假定该函数在书写过程中可能出现以下几种错误：
- "||"被误写为"&&"；
- "&&"被误写为"||"；
- "0 == year % 400"被误写为"0 != year % 400"；
- "0 != year % 100"被误写为"0 == year % 100"；
- "0 == year % 4"被误写为"0 != year % 4"；
- 判断条件被误写为"if (0 == year % 4)"。

4.3.1 语句覆盖

语句覆盖的含义是：选择足够多的测试数据，使得程序中每种语句都至少被执行一次。

程序清单4.1中，为了满足语句覆盖，需要设计一个测试数据使得第3行的判定语句为"真"，那么使用2 000作为输入数据即可满足要求。使用该数据测试发现问题的情况详见表4.1。

表 4.1 语句覆盖发现问题的情况

测试数据	预期结果	实际结果					
		错误1	错误2	错误3	错误4	错误5	错误6
2000	true	false	true	false	true	true	true
是否发现问题		是	否	是	否	否	否

从表4.1中可以看出，测试数据虽然满足语句覆盖，但是只能发现少量的问题。在实际测试过程中，语句覆盖被认为是最弱的一种逻辑覆盖。

4.3.2 判定覆盖

判定覆盖的含义为：选择足够多的测试数据，使得程序中每个判断语句至少出现一次真值和一次假值。

程序清单4.1中，为了满足判定覆盖，需要第3行的判定语句出现一次"真"值和一次"假"值。当输入值为2 000时，该语句的判定结果为"真"；当输入值为1 999时，该语句的判定结果为"假"。使用这两个数据进行测试发现问题的情况详见表4.2。

表 4.2 判定覆盖发现问题的情况

测试数据	预期结果	实际结果					
		错误1	错误2	错误3	错误4	错误5	错误6
2000	true	false	true	false	true	true	true
1999	false	false	true	true	false	true	false
是否发现问题		是	是	是	否	是	否

从表4.2中可以看出,判定语句虽然能够比语句覆盖发现更多的问题,但还是无法发现所有可能的问题。

值得注意的是,在if语句中,判定覆盖的是要求判定语句出现一次"真"值和一次"假"值;而在switch语句中,判定覆盖的是要求判定语句的所有可能的值都出现一次。

4.3.3 条件覆盖

条件覆盖的定义为:当一个判定语句由多个条件组合而成时,选择足够多的测试数据,使得每一判定语句中每个逻辑条件的可能值至少出现一次。

程序清单4.1中,符合条件覆盖的测试数据详见表4.3。

表 4.3 条件覆盖情况

测试数据	0 == year % 400	0 != year %100	0 == year % 4
2000	true	false	true
1999	false	true	false

在本例中,判定覆盖和条件覆盖可以使用相同的测试数据。由此可见,条件覆盖也不能发现所有可能的问题。

值得注意的是,在本例中判定覆盖和条件可以使用相同的测试数据,而在其他程序中并不一定相同。

4.3.4 条件组合覆盖

条件组合覆盖的含义是:当一个判定语句由多个条件组合而成时,选择足够多的测试数据,使得各个条件的各种可能的组合都出现一次。

在程序清单4.1中,3个条件的各种组合情况详见表4.4。

表 4.4　条件组合情况

0 == year % 400	0 != year %100	0 == year % 4	测试数据
true	true	true	不存在
true	true	false	不存在
true	false	true	2000
true	false	false	不存在
false	true	true	1996
false	true	false	1999
false	false	true	2100
false	false	false	不存在

通过表 4.4 可以得到 4 个测试数据：2000、1996、1999、2100。条件组合覆盖发现问题的情况详见表 4.5。

表 4.5　条件组合覆盖发现问题的情况

测试数据	预期结果	实际结果					
		错误1	错误2	错误3	错误4	错误5	错误6
2000	true	false	true	false	true	true	true
1996	true	false	true	true	false	false	true
1999	false	false	false	false	false	true	false
2100	false	false	true	true	true	false	true
是否发现问题		是	是	是	是	是	是

由此可见，条件组合覆盖发现了所有的问题。条件组合覆盖是覆盖率最高的一种逻辑覆盖方法。

条件组合覆盖的缺点是测试数据的数量会很多，在本例中由于 3 个条件有相互制约的关系，所以只有 4 个数据。在实际情况下可能各个条件并没有相互制约的关系，那么用例数量就会有 8 个。当条件数量增多时，测试数据的数量也是呈指数增长的，这会导致测试效率低下。因此，条件组合覆盖也不是最好的逻辑覆盖方法。

4.3.5　修正条件判定覆盖

修正条件判定覆盖的含义是：画出程序的控制流，选择足够多的测试数据，使得程序控制流中每一条路径都执行一次。

第一步，对代码中每一条语句编号，如果一条判断语句中有多个条件，则每一个条件单独编号。程序清单 4.2 所示为程序清单 4.1 的代码编号后的情况。

程序清单 4.2　带节点序号的闰年判断函数

```
1   bool IsLeapYear(int year)
2   {
3       bool flag = false;                                          //1
4       if ((0 == year % 400) || (0 != year % 100) && (0 == year % 4))  //2, 3, 4
5       {
6           flag = true;                                            //5
7       }
8       return flag;                                                //6
9   }
```

第二步，画出程序的控制流图，详见图 4.2。

第三步，找到所有路径，并为每条路径选取测试数据，详见表 4.6。

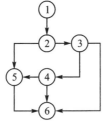

图 4.2　程序控制流图

表 4.6　各路径测试数据

路　　径	测试数据
①②③④⑥	1999
①②⑤⑥	2000
①②③⑥	2100
①②③④⑤⑥	1996

在本例中，修正条件判定覆盖得到的用例与条件组合覆盖得到的用例是一致的，那是因为本例中各个条件之间的制约关系，实际测试过程中最小线性无关覆盖得到的用例会比条件组合覆盖得到的用例少。由于修正条件判定覆盖方法中保证每条路径都执行一次，所以是覆盖得相对全面的方法。

4.4　数据覆盖

通过前面的描述可知，逻辑覆盖能够有效地发现问题。然而，逻辑覆盖自身的缺点是非常明显的。在使用逻辑覆盖的方法设计测试用例时，对实现的依赖性太高，以至于开发者很难考虑到代码本身没有考虑到的地方。例如前面的闰年判断函数中，假如开发者在编写代码时就出现第 6 类错误，那么错误的代码详见程序清单 4.3。

程序清单 4.3　包含第 6 类错误的闰年判断函数

```
1   bool IsLeapYear(int year)
2   {
3       bool flag = false;
4       if (0 == year % 4)
5       {
```

```
6              flag = true;
7         }
8         return flag;
9   }
```

假如按程序清单4.3中的代码设计测试用例,那么,只要设计2 000和1 999两个数据就能实现条件组合覆盖,显然这样的测试是不够全面的。

在进行单元测试的过程中,除了要使用逻辑覆盖之外,还需要使用另外的方法,那就是数据覆盖。只有两种方法同时使用、相互补充,才能最大限度地提高测试的覆盖率。

4.4.1 边界值分析

边界值分析在黑盒测试中经常被用到,在单元测试中也可以使用边界值分析来设计测试用例。通过大量的测试工作得知,应用程序往往容易在处理边界条件时发生错误,所以在测试过程中通常也可以使用边界条件进行测试,只要边界条件没有问题,那么在数据范围内部出现问题的可能性就是非常小的。

1. 边界点和分界点

为了进行边界值分析,读者首先要弄清楚两个概念——边界点和分界点。

当指定数据值的有效范围时,边界点将数据范围分为有效区间和无效区间。图4.3所示为边界值分析中各个点的分布。

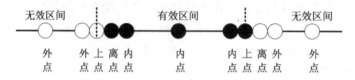

图4.3 边界点

在图4.3中,虚线所示的点将数据范围分为有效区间和无效区间。无论有效区间是开区间还是闭区间,有效区间两端的端点都称为上点;在开区间中,距离上点最近的有效值称为离点;在闭区间中,距离上点最近的无效值称为离点;除去上点和离点之外的所有有效值称为内点;除去上点和离点之外的所有无效值称为外点。在实际测试中,需要选取上点、离点以及距离上点最近的内点和外点作为测试数据,实际上就是边界点附近的2个有效值和2个无效值。

在某些应用场合,通常参数被划分为不同的部分,并针对每一部分进行不同的处理。在这种情况下,分界点将不同的数据范围区分开。图4.4所示为各个点的分布情况。

在图4.4中,中间虚线将数据范围分为左右两部分,两部分的处理规则不同,与虚线重合的数据点属于区间2。那么在分界点上,也可以根据前面的方法进行上点、

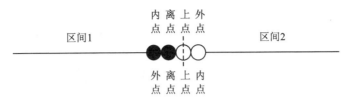

图 4.4 分界点

离点、内点和外点的分析。

无论是区间 1 还是区间 2,端点位置的数据值都是上点;区间 1 是开区间,所以离点是距离上点最近的有效数据值;区间 2 是闭区间,所以离点是距离上点最近的无效数据值。

根据前面的方法,选取上点、离点以及距离上点最近的内点和外点作为测试数据,实际上就是每个区间选取两个有效数据值进行测试。

例如有一个函数,将学生的百分制成绩转换为等级。90 分及以上为 A,80 分及以上为 B,70 分及以上为 C,60 分及以上为 D,60 分以下为 E。假如要设计测试用例来对这个函数进行测试,需要哪些数据呢?

输入数据的有效范围是[0,100]。针对边界点 0,选取的测试数据为 −2、−1、0、1;针对边界点 100,选取的测试数据为 99、100、101、102。

4 个分界点(60、70、80、90)将有效范围分为 5 个区间。针对分界点 60,选取的测试数据为 58、59、60、61;针对分界点 70,选取的测试数据为 68、69、70、71;针对分界点 80,选取的测试数据为 78、79、80、81;针对分界点 90,选取的测试数据为 88、89、90、91。

2. 输入边界和输出边界

在应用程序中,输入值有范围,同样输出值也有范围。输入值的边界称为输入边界,输出值的边界称为输出边界。在大多数情况下,只需要考虑输入边界就可以了。然而,在某些特殊情况下,还需要考虑输出边界。例如,在一个整型数相加的函数中,当两个参数的值都在整型数表示的范围内时,输出值可能超出整型数的范围。在这种情况下,就需要对输出值进行边界值分析,选取测试数据进行测试。

3. 外部边界和内部边界

输入数据和输出数据都是程序用来与外界进行交互的,所以输入边界和输出边界可以称为外部边界。在数据处理过程中,被测单元内部还会有一些边界,这些边界称为内部边界。数组的下标范围、循环的次数以及内部局部变量的范围都会涉及内部边界,这些都是需要考虑的内容。

4. 边界条件的确定

➤ 如果规定输入值的有效范围,则有效范围内的最小值和最大值可作为边界条件；
- 如果规定输出值的有效范围，则有效范围内的最小值和最大值可作为边界条件；
- 如果规定数据值是一个有序的集合，则集合的第一个元素和最后一个元素可作为边界条件；
- 如果输入数据可分为多个连续的范围，且每个范围有不同的处理方式，则相邻两个范围连接处可作为分界条件；
- 如果规定数据的长度，则最小长度和最大长度可作为边界条件；
- 如果规定数据处理的次数，则最小次数和最大次数可作为边界条件；
- 如果规定数据处理的时间，则最短时间和最长时间可作为边界条件。

上面列举了一部分可以确定边界条件的情况，需要读者进行详细的分析并将所有的边界条件都找出来，这样才能提高测试覆盖率。

4.4.2 等价类划分

在实际测试过程中，有时会遇到这样一种情况：输入值可以分为几个不同的集合，每个集合触发不同的处理流程，而每个集合中的各个值不一定是连续的。在这种情况下无法直接使用边界值进行分析，那么就需要使用等价类划分。

当输入值可以划分为几个不同的集合，而每个集合又触发不同的处理流程时，每个集合都可以称为一个等价类。从一个等价类中选取少量的用例，就可以代表该等价类中所有可能的输入。

例如前面的闰年判断函数中，可以使用等价类分析来设计测试用例。首先把年份分为两类——平年和闰年，这样就得到两个等价类；接下来平年和闰年都可以继续按是否为 100 的整数倍进行细分。等价类划分示例详见表 4.7。

表 4.7 等价类划分示例

第一次划分	平　年		闰　年	
第二次划分	100 整数倍	非 100 整数倍	100 整数倍	非 100 整数倍
测试数据	2100	1999	2000	1996

由此可见，在进行等价类划分时并不是一次就能找出所有等价类，要不断地对已有的等价类进行细分，直到不能继续细分为止，这样测试才不会有遗漏。

在等价类划分中，触发正常处理流程的等价类称为有效等价类，触发异常处理流程的等价类称为无效等价类。等价类划分的关键就是找出所有等价类，这里给出确定等价类的一些方法：

- 当规定了输入值的取值范围时，范围内的值可以得到一个有效等价类，范围外的值可以得到两个无效等价类；
- 当不同的输入值触发不同的处理流程时，每个处理流程对应的输入均可得到一个等价类；
- 当输入值要求满足特定的规则时,满足规则的情况可得到一个有效等价类,每违反一条规则可得到一个无效等价类；
- 当输出值是多个有限离散的值时,每个输出值对应的输入值可得到一个等价类。
- 当有多个输入值时,可根据多个参数不同组合产生不同的等价类。

4.4.3 穷 举

在有些时候,被测单元可能的输入值为有限个离散的值,而又很难找出规律。在这种情况下,可以对所有可能的输入值进行穷举,以达到完全覆盖。

在大多数情况下,不同的输入值产生什么样的输出都是有规律可循的。如果是无规律的情况,则输入值可能的情况会非常少,所以穷举并不会占用太多资源。

4.4.4 其他考虑

1. 内部状态

对于理想情况下的测试,相同的输入每次都应该产生相同的输出。在实际测试过程中,由于被测单元会有内部状态,所以每次测试时相同的输入可能产生不同的输出。在这种情况下,就需要考虑到被测单元可能存在的所有内部状态,针对不同状态设计不同的测试用例。

2. 异常测试

在单元测试过程中,除了正常情况外,还需要考虑异常情况,测试被测单元异常处理的能力。

空指针：被测单元应该对空指针进行检测,通常情况下,可以使用断言检测空指针。在测试时,输入空指针,看被测单元是否能够正确处理。

异常状态：某些操作只能在特定状态下进行,需要测试在不支持的状态下操作时被测单元是否能够正确处理。

缓冲区大小：当使用缓冲区从被测单元中获取数据时,需要测试输入缓冲区比数据量小的情况。

第 5 章

测试准备工作

本章导读

在单元测试过程中,除了编写测试代码外,如何将各个测试用例有序地组合起来也是值得考虑的内容。单元测试框架能够自动组织各个测试用例,让软件开发者把更多的精力放在测试用例的设计及编写上,从而提高工作效率。

本章将介绍单元测试框架 gtest 以及在 Visual Studio 2013 和 Eclipse 中如何使用 gtest 搭建测试环境。

5.1 单元测试框架

5.1.1 什么是单元测试框架

在实际测试过程中,除了开发测试代码之外,还必须考虑以下几个问题:
- 如何对所有测试用例进行有效管理;
- 如何只运行某些特定的测试用例;
- 如何对测试用例的测试结果进行显示;
- 如何有效地统计测试用例的整体通过率。

以上问题是在编写测试代码的过程中不得不考虑的问题,解决这些问题需要花费许多时间,甚至远远超出编写测试用例的时间。

自动化单元测试框架可以有效地解决这些问题。单元测试框架是一个软件包,它能够让软件开发者比较方便地表达产品代码需要表现出什么样的行为。单元测试框架提供一个自动化单元测试的解决方案,让软件开发者把更多的精力放在测试用例的设计编写上,而不用花费精力考虑如何组织测试用例。

单元测试框架提供以下功能:
- 表达一个测试用例的通用语言;
- 表达一个测试用例的期望结果的通用语言;
- 对所有测试用例进行有效管理;
- 提供运行部分或全部测试用例的机制;
- 对测试通过和失败给出明确的提示;

- 对失败的测试用例给出详细的报告；
- 对各个测试用例的结果进行统计分析。

5.1.2 gtest 是什么

gtest 是 google 公司开发的一个开源的单元测试框架，基于 C++ 语言开发，可以对 C++ 语言和 C 语言进行单元测试。gtest 有以下特点：

- 提供强大的断言集，支持布尔型、整型、浮点型、字符串以及所有实现了比较运算符和输出运算符的自定义类的判断；
- 提供断言扩展功能，当 gtest 中没有提供所需要的断言时，可以使用 gtest 提供的方法进行扩展；
- 自动收集我们的测试用例，开发者不需要对测试用例进行组织；
- 提供死亡测试的功能，用于测试代码在特定情况下异常崩溃的情况；
- 将公共的用例初始化和清理工作放入测试夹具中，由 gtest 自动调用；
- 使用参数化自动生成多个相似的测试用例。

5.2 测试框架获取

登录 https://github.com/google/googletest/releases/tag/release-1.8.0，下载指定版本的 gtset 源码，详见图 5.1。

图 5.1 gtest 下载页面

将下载得到的文件解压，可以得到一个目录。进入该目录可以看到多个子目录和文件，其中包含 googletest 和 googlemock 两个子目录，详见图 5.2。

其中，googletest 目录下的内容就是 gtest 的源码以及相关的项目文件；googlemock 目录下的内容

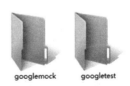

图 5.2 gtest 压缩包内容

在后面章节中会用到。进入 googletest 目录,可以看到多个文件和目录,图 5.3 所示为其中的部分目录。

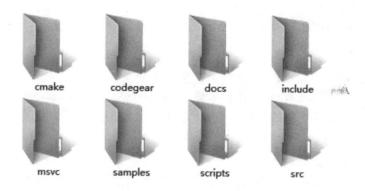

图 5.3　gtest 目录下的部分内容

include 目录下是相关的头文件,src 目录下是相关的源文件,msvc 目录下是 Visual Studio 的项目文件。

5.3　Visual Studio 2013 测试环境搭建

5.3.1　Visual Studio 运行库

1. 什么是库文件

在编程时,声明的代码写在头文件中,而将实现的代码写在源文件中,然后将头文件和源文件一起编译、链接,就得到需要的应用程序。

在实际编程时,通常需要对部分代码复用。可以把需要复用的代码单独编译,得到的文件就是库文件。库文件分为静态库和动态库。

静态库由一个 lib 文件(后缀名为.lib)组成,其中包含对应代码的具体实现。在编写应用程序时,只需要将 lib 文件链接到应用程序中,就可以使用它的功能了。

动态库由一个 dll 文件(后缀名为.dll)和一个 lib 文件组成,dll 文件包含对应代码的具体实现,而 lib 文件则包含对应代码的入口地址。需要将 lib 文件链接到应用程序中,应用程序在启动后加载对应的 dll 文件,就可以使用它的功能了。

由此可知,静态库和动态库的区别就是,使用静态库的应用程序在运行时不需要加载对应的 dll 文件。

2. 什么是 Visual Studio 运行库

在使用 Visual Studio 编程时,需要用到很多 Visual Studio 内部实现功能,而这些功能都是以库文件形式存在的,称为 Visual Studio 运行库。Visual Studio 运行库既可以以静态库的方式提供,也可以以动态库的方式提供,可以在项目配置中选择。

当选择静态运行库时,由于对应功能的具体实现已经链接到应用程序中,所以编译出来的应用程序是可以独立运行的;当选择动态运行库时,由于对应功能的具体实现在 dll 文件中,所以编译出来的应用程序只能在安装了 Visual Studio 运行库的系统中运行。在 Visual Studio 中,静态运行库的类型名称为 MT,动态运行库的类型名称为 MD。

无论是静态运行库还是动态运行库,Visual Studio 都提供了 Debug 版本和 Release 版本。其中 Debug 版本的运行库中包含调试信息,Release 版本的运行库中不包含调试信息;Debug 版本的运行库是没有经过代码优化的,Release 版本的运行库是经过代码优化的。

在 Visual Studio 中,Debug 版本运行库的类型名称后面会加上小写字母 d。Visual Studio 中各种类型的运行库详见图 5.4。

图 5.4　Visual Studio 运行库类型

5.3.2　编译 gtest 库文件

在使用 gtest 编写测试代码时,需要将 gtest 的头文件路径以及所有的源文件添加到项目中。可以把 gtest 的源文件编译成静态库,在以后编写测试代码时可以直接使用,而不需要每次都将 gtest 的源文件添加到项目中。

进入图 5.3 中的 msvc 目录,可以看到一个子目录 2010。进入该目录,可以看到 2 个解决方案文件以及多个项目文件,详见图 5.5。其中,gtest.sln 是使用 Visual Studio 静态运行库的解决方案,gtest-md.sln 是使用 Visual Studio 动态运行库的

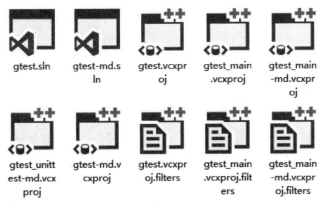

图 5.5　gtest 的 vs 项目

解决方案。

打开 gtest.sln,弹出如图 5.6 所示的"复查项目和解决方案更改"对话框。这是因为 gtest 中的项目是使用早期版本的 Visual Studio 创建的,所以需要升级,直接单击"确定"按钮即可。

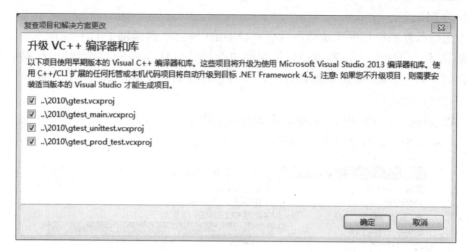

图 5.6 复查项目和解决方案更改对话框

打开解决方案后,可以看到 4 个项目文件,详见图 5.7。选择 gtest 项目,执行生成操作,即可生成 gtest 的静态库文件。在 gtest 项目中,默认是生成 Debug 版本的库文件。若要生成 Release 版本的库文件,将应用程序配置切换到 Release 再次执行生成操作即可。

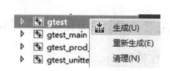

图 5.7 生成库文件

执行生成操作后,可以看到在 msvc 目录下多出一个 gtest 目录,进入 gtest 目录,里面有 Win32-Debug 和 Win32-Release 两个目录,里面分别存放 Debug 版本和 Release 版本的静态库。Debug 版本的运行库名称为 gtestd.lib,Release 版本的运行库名称为 gtest.lib。

打开 gtest-md.sln,使用同样的方法,可以生成使用 Visual Studio 动态运行库的 gtest 的静态库文件。生成的文件位于 msvc 目录下的 gtest-md 目录下。

5.3.3 创建 Visual Studio 测试项目

首先,需要创建一个项目。选择"文件"→"新建"→"项目"新建一个项目,选择"Visual C++"模板里面的"Win32 控制台应用程序",详见图 5.8。

在如图 5.9 所示界面中,选中"空项目"选项。

单击"完成"按钮后,就完成一个空项目的创建。

图 5.8 选择项目模板

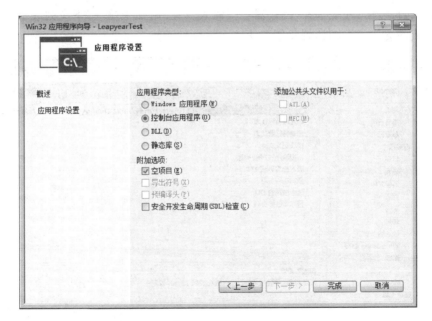

图 5.9 应用程序设置

5.3.4 配置 Visual Studio 测试项目

在完成项目创建后,需要对项目进行配置。在项目属性页左侧选择"C/C++"→

"常规",在"附加包含目录"下拉列表框中选择 gtest 的 include 目录,详见图 5.10。

图 5.10　添加包含目录

在项目属性页左侧选择"链接器"→"输入",在"附加依赖项"下拉列表框中选择前面生成的 gtest 库文件,详见图 5.11。

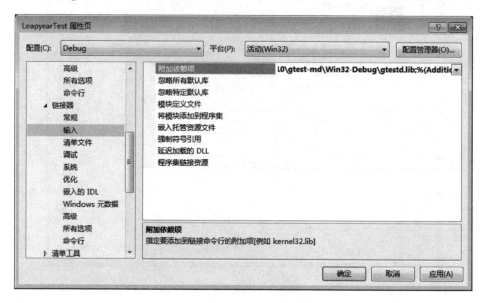

图 5.11　添加库文件

在添加"附加包含目录"以及"附加依赖项"目录时,注意需要分别在 Debug 和 Release 两种配置下添加。由于 Visual Studio 新建项目时默认使用 Visual Studio 动态运行库,所以在项目中也需要添加使用 Visual Studio 动态运行库的 gtest 库文件。如果需要测试程序能够在没有安装 Visual Studio 运行库的环境中运行,那么需要配置工程使用 Visual Studio 静态运行库,同时在添加 gtest 库文件时选择使用 Visual Studio 静态运行库的 gtest 库文件。

5.3.5 添加文件

在完成项目配置后,就可以添加文件到项目中了。首先需要新增一个 main.cpp 文件到项目中,并在这个文件中添加 main 函数。

也许读者会问,产品代码中也有 main 函数,为什么不直接使用呢?原因在于产品代码中的 main 函数是不可能调用测试代码的,如果要调用测试代码就不能用产品代码中的 main 函数,所以需要开发者自己实现 main 函数。程序清单 5.1 所示为最简单的 main 函数。

程序清单 5.1 最简单的 main 函数

```
1    #include <gtest/gtest.h>
2
3    int main(int argc, char * * argv)
4    {
5        testing::InitGoogleTest(&argc, argv);
6        return RUN_ALL_TESTS();
7    }
```

在使用 gtest 编写测试代码时,凡用到 gtest 特性的地方都需要包含头文件 gtest/gtest.h。

第 5 行的"testing::InitGoogleTest(&argc, argv)"是使用命令行参数来初始化 gtest。由此可见,gtest 是可以接收命令行参数的,具体命令行参数的使用方法这里暂不讨论,在后面章节中会进行详细介绍。

第 6 行的 RUN_ALL_TESTS()告诉 gtest 运行的所有测试用例。由此可见,在 gtest 中不需要开发者对测试用例进行组织,gtest 会自动将测试用例收集起来执行。

在添加 main.cpp 后,可以尝试编译项目并运行,运行结果详见图 5.12。

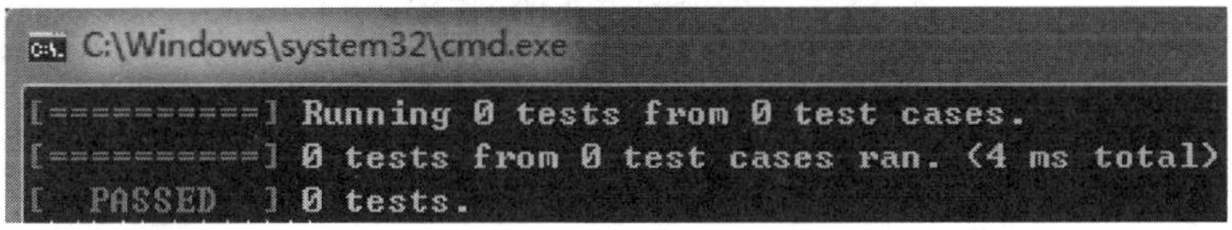

图 5.12 gtest 运行结果

由于还没有编写任何测试用例,所以结果显示只运行 0 个测试用例。可以将产品代码添加到项目中,并为其编写测试用例。

5.3.6　Visual Studio 模板的使用

1. 安装 Visual Studio 模板

作者生成了 gtest 的 Visual Studio 模板，读者将此模板安装到系统中，以后就可以直接创建 gtest 测试项目，可避免下载 gtest 源码以及配置项目的麻烦，在实际测试过程中会节省不少时间。

模板的安装过程比较简单，将模板存放到文档目录下的 Visual Studio 2013\Templates\ProjectTemplates\Visual C++ 项目的子目录即可，详见图 5.13。

图 5.13　vs2013 模板安装

gtest – md 是使用 Visual Studio 静态运行库的模板，gtest – mt 是使用 Visual Studio 动态运行库的模板。

2. 使用 Visual Studio 模板创建工程

模板安装完成后，就可以使用其创建工程了。

打开 VS2013，选择菜单"文件"→"新建"→"项目"，在打开的"新建项目"对话框中，"Visual C++"模板里面自动包含刚才安装的模板，详见图 5.14。

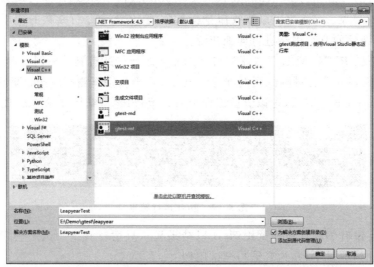

图 5.14　使用模板创建项目

使用该模板创建一个项目,项目中会自动添加必要的文件。直接编译并运行项目,运行结果详见图 5.15。

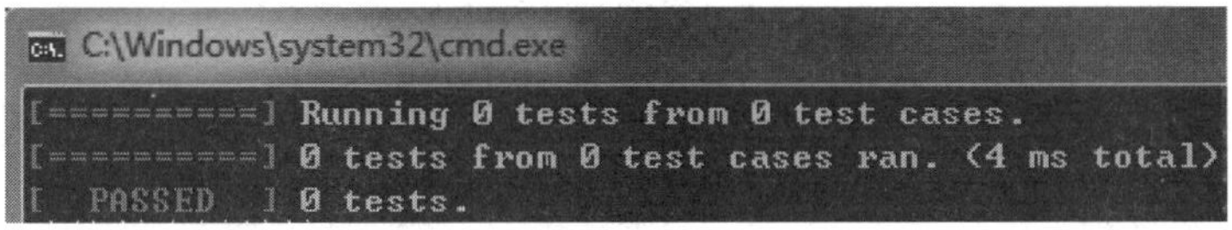

```
[==========] Running 0 tests from 0 test cases.
[==========] 0 tests from 0 test cases ran. (4 ms total)
[  PASSED  ] 0 tests.
```

图 5.15　模板运行结果

由此可见,模板中除了没有添加产品代码和测试用例外,其他工作都已经自动完成了,读者只需要将产品代码添加到项目中,然后编写测试用例就可以了。

5.4　Eclipse 测试环境搭建

5.4.1　安装 Java 运行环境

由于 Eclipse 设计之初是基于 Java 运行环境的,因此必须安装 Java 运行环境。最新 Java 运行环境(JRE)可以通过 oracle 官方网站获取。

打开链接页面后,显示页面详见图 5.16。

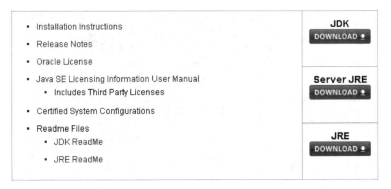

图 5.16　JRE 下载页面

单击图 5.16 所示页面中的 JRE Download 图标,进入版本选择页面,详见图 5.17。

首先勾选版本列表上方的 Accept License Agreement,然后选择具体版本下载。下载完成后,双击进行安装。

注意:选择与 Windows 系统类型一致的版本下载,32 位系统一般对应 x86,64 位系统一般对应 x64。

Product / File Description	File Size	Download
Linux x86	68 MB	jre-8u191-linux-i586.rpm
Linux x86	83.72 MB	jre-8u191-linux-i586.tar.gz
Linux x64	64.85 MB	jre-8u191-linux-x64.rpm
Linux x64	80.67 MB	jre-8u191-linux-x64.tar.gz
Mac OS X x64	76.15 MB	jre-8u191-macosx-x64.dmg
Mac OS X x64	67.75 MB	jre-8u191-macosx-x64.tar.gz
Solaris SPARC 64-bit	52.25 MB	jre-8u191-solaris-sparcv9.tar.gz
Solaris x64	50.14 MB	jre-8u191-solaris-x64.tar.gz
Windows x86 Online	1.8 MB	jre-8u191-windows-i586-iftw.exe
Windows x86 Offline	63.17 MB	jre-8u191-windows-i586.exe
Windows x86	66.52 MB	jre-8u191-windows-i586.tar.gz
Windows x64	71.16 MB	jre-8u191-windows-x64.exe
Windows x64	71.32 MB	jre-8u191-windows-x64.tar.gz

图 5.17　JRE 版本选择页面

5.4.2　Windows 版本的 GCC/G++安装

本书中的测试用例均在 Windows 环境下编写，所以需要安装 Windows 版本的 GCC/G++。由于在 Windows 环境下单独安装 GCC/G++比较麻烦，这里安装集成开发环境 Dev－C++，这样 GCC/G++所有内容都安装了。

首先登录 https://sourceforge.net/projects/orwelldevcpp 下载 Dev－C++安装包，详见图 5.18。

图 5.18　Dev－C++下载页面

下载完成后，安装 Dev－C++，双击安装包，按提示一步一步安装即可。

安装完成后，将 Dev－C++安装目录下的 MinGW64\bin 添加到环境变量 Path 中。

5.4.3　Eclipse 获取

首先需要下载安装包，下载链接为 http://www.eclipse.org/downloads/packages。有多个版本可以下载，选择面向 C/C++开发者的版本（Eclipse IDE for C/C++ Developers)下载,详见图5.19。

图 5.19　Eclipse 软件包下载

下载完成后,将下载得到的压缩包解压到需要安装的目录中就可以使用了。

注意:不要把 Eclipse 软件包解压到有中文名称的安装路径下。

5.4.4　创建 Eclipse 项目

安装 Eclipse 后,就可以使用 Eclipse 创建项目。打开 Eclipse,选择 File→C++ Project 创建项目,在弹出的对话框中,选择项目类型 Empty Project,工具链选择 MinGW GCC,详见图 5.20。

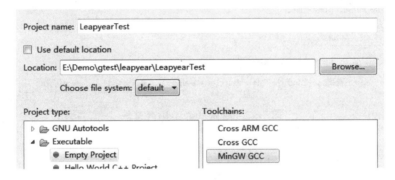

图 5.20　创建 Eclipse 项目

5.4.5　配置 Eclipse 项目

在完成项目创建后,需要对项目进行配置。在项目属性页面,选择 C/C++ Build→Settings,在 Tool Settings 选项卡中选择 GCC C++ Compiler→Includes,在 Include paths 列表框中添加 googletest 的目录以及对应的 include 目录,详见图 5.21。

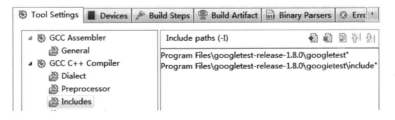

图 5.21　添加 Include 路径

在 Tool Settings 选项卡中选择 MinGW C++ Linker→Libraries，在 Libraries 列表框中添加 pthread，详见图 5.22。

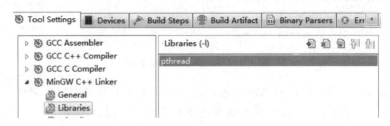

图 5.22　添加 pthread 库

将 gtest 源文件中的 gtest-all.cc 文件添加到项目中。在项目的右键菜单中选择 New→File，在弹出的对话框中打开高级选项，选中 Link to file in the file system，将 gtest 的 src 目录下的 gtest-all.cc 添加到项目中，详见图 5.23。

图 5.23　添加 gtest-all.cc 文件

5.4.6　添加文件

在完成项目配置后，就可以添加文件到项目中。首先新增一个 main.cpp 文件到项目中，并在这个文件中添加 main 函数，详见程序清单 5.2。

程序清单 5.2　main 函数

```
1    # include <gtest/gtest.h>
2
3    int main(int argc, char * * argv)
4    {
5        testing::InitGoogleTest(&argc, argv);
6        return RUN_ALL_TESTS();
7    }
```

在添加 main.cpp 后，可以尝试编译项目并运行，运行结果如下：

```
[==========] Running 0 tests from 0 test cases.
[==========] 0 tests from 0 test cases ran. (0 ms total)
[  PASSED  ] 0 tests.
```

将产品代码添加到项目中，并为其编写测试用例。

5.4.7 Eclipse 模板使用

作者提供了 gtest 的 Eclipse 模板，读者可以将该模板保存到系统中，需要时可直接导入模板并创建 gtest 测试项目，可省去下载 gtest 源码以及配置项目的麻烦，在实际测试过程中会节省不少时间。下载链接为 https://www.zlg.cn/books/software_unit_testing.zip。

首先将模板解压到需要的目录中。打开 Eclipse，在 Project Explorer 的空白区域单击右键，在弹出的右键菜单中选择 Import。在打开的"模板选择"对话框中选择 General→Existing Projects into Workspace，详见图 5.24。

图 5.24 模板选择

在打开的"项目选择"对话框中，选择模板解压的目录，选中 gtest 项目，执行导入操作，项目中即可填加必要的文件，详见图 5.25。

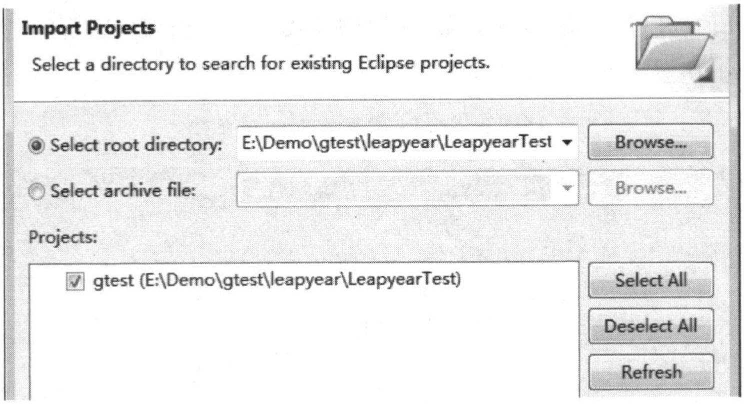

图 5.25 导入项目

编译并运行项目，运行结果如下：

```
[==========] Running 0 tests from 0 test cases.
[==========] 0 tests from 0 test cases ran. (0 ms total)
[  PASSED  ] 0 tests.
```

这说明导入成功，可以开始测试用例的编写了。

第 6 章

编写测试代码

📖 **本章导读**

作为一个测试框架,gtest 为开发者提供了一些非常实用的功能。gtest 提供了表达测试用例的通用语言,还提供了非常丰富的断言以实现预期结果与实际结果进行比较。使用测试夹具,软件开发者可以把测试用例中重复的初始化和清理操作提出来。使用参数化可以帮助软件开发者快速生成多个相似的测试用例。

本章将详细介绍 gtest 提供的各个功能。

6.1 测试的入口——main 函数

编写任何程序都需要 main 函数,编写测试代码也不例外。编写测试代码时,最简单的 main 函数详见程序清单 6.1。

程序清单 6.1 最简单的 main 函数

```
1   #include <gtest/gtest.h>
2
3   int main(int argc, char * * argv)
4   {
5       testing::InitGoogleTest(&argc, argv);
6       return RUN_ALL_TESTS();
7   }
```

在编写测试代码时,需要包含头文件 gtest/gtest.h,以使用 gtest 提供的功能。

第 5 行的"testing::InitGoogleTest(&argc, argv)"是使用命令行参数来初始化 gtest。从这里可以看出 gtest 是可以接收命令行参数的,具体命令行参数的使用方法这里暂不讨论,在后面章节中会详细介绍。

第 6 行的 RUN_ALL_TESTS()告诉 gtest 运行的所有测试用例。由此可见,在 gtest 中不需要开发者对测试用例进行组织,gtest 会自动将测试用例收集起来执行。

6.2 表达测试用例的通用语言

6.2.1 测试用例和测试用例集

为了更好地编写测试用例,开发者需要掌握两个概念——测试用例和测试用例集。

测试用例:测试用例是为了验证代码的行为与预期是否相符而进行的一系列活动,在单元测试中,这一系列活动依靠代码来完成。

测试用例集:测试用例集是多个相似或相关的测试用例的集合,是为了方便对测试用例进行管理而产生的一个概念。通俗一点讲,测试用例集就是对测试用例进行分组。

注意:在 gtest 中,使用 test case 表示测试用例集,test 表示测试用例。

6.2.2 编写测试用例

在 gtest 中,可以使用如程序清单 6.2 所示的框架来定义一个测试用例。

程序清单 6.2 测试用例基本框架

```
TEST(test_case_name, test_name)
{
    ……
}
```

在程序清单 6.2 的框架中,参数 test_case_name 是测试用例集的名称,test_name 是测试用例的名称,使用这两个变量共同区分一个测试用例。

例如,程序清单 4.1 中的闰年判断函数可以使用两个测试用例来实现,其中一个测试用例的测试结果为闰年的情况,另一个测试用例的测试结果为平年的情况。可以使用如程序清单 6.3 所示的框架来编写测试用例。

程序清单 6.3 闰年判断函数的测试用例框架

```
TEST(IsLeapYearTest, leapYear)
{
    // ……
}


TEST(IsLeapYearTest, commonYear)
{
    // ……
}
```

使用该方式定义的测试用例会被 gtest 自动收集起来,在执行 RUN_ALL_TESTS() 语句时,使用该方式定义的所有测试用例都会被执行。

6.3 通用的判断机制

测试用例的三大要素是前提条件、操作步骤和预期结果。测试用例是否通过的标准就是实际结果与预期结果是否相符:若实际结果与预期结果相符,则测试通过;若实际结果与预期结果不相符,则测试不通过。

gtest 中判断实际结果与预期结果是否相符的机制称为断言。gtest 提供了判断各种简单类型数据的断言,包括布尔类型、数值类型、浮点数、字符串等。

6.3.1 布尔类型判断

布尔类型数据判断的断言有两个,详见表 6.1。

表 6.1 布尔类型判断的断言

断言	说明	通过条件
EXPECT_TRUE(actual)	判断 actual 的值是否为 true	actual == true
EXPECT_FALSE(actual)	判断 actual 的值是否为 false	actual == false

在闰年判断函数中,返回值为 bool 类型,可以使用这两个断言进行判断,补全后的闰年判断的测试用例详见程序清单 6.4。

程序清单 6.4 闰年判断函数的测试用例

```
1   TEST(IsLeapYearTest, leapYear)
2   {
3       EXPECT_TRUE(IsLeapYear(2000));
4       EXPECT_TRUE(IsLeapYear(1996));
5   }
6
7   TEST(IsLeapYearTest, commonYear)
8   {
9       EXPECT_FALSE(IsLeapYear(1999));
10      EXPECT_FALSE(IsLeapYear(2100));
11  }
```

6.3.2 数值类型判断

除了提供布尔类型数据判断的断言外,gtest 还提供了数值类型数据的断言。数值类型包含整型、浮点型、字符类型以及重载了输出运算符和比较运算符(必须以友元函数的方式重载)的自定义类型。gtest 提供的数值类型的断言详见表 6.2。

表 6.2 数值类型判断的断言

断言	说明	通过条件
EXPECT_EQ(expected,actual)	(1)判断 actual 与 expected 是否相等 (2)expected 为预期值 (3)actual 为实际值	actual == expected
EXPECT_NE(val1, val2)	判断 val1 和 val2 是否相等	val1 != val2
EXPECT_LT(val1, val2)	比较 val1 和 val2 的大小	val1 < val2
EXPECT_LE(val1, val2)	比较 val1 和 val2 的大小	val1 <= val2
EXPECT_GT(val1, val2)	比较 val1 和 val2 的大小	val1 > val2
EXPECT_GE(val1, val2)	比较 val1 和 val2 的大小	val1 >= val2

比如,有一个函数的功能是交换两个整型的数据,实现代码详见程序清单 6.5。

程序清单 6.5 整数交换函数

```
1   void int_swap(int * p1, int * p2)
2   {
3       if (p1 && p2)
4       {
5           int temp;
6           temp = * p1;
7           * p1 = * p2;
8           * p2 = temp;
9       }
10  }
```

在为这个函数编写测试代码时,可以使用数值类型的断言判断结果。该函数对应的测试代码详见程序清单 6.6。

程序清单 6.6 整数交换函数的测试代码

```
1   TEST(IntSwapTest, swapSuccess)
2   {
3       int a = 1;
4       int b = 2;
5       int_swap(&a, &b);
6       EXPECT_EQ(2, a);
7       EXPECT_EQ(1, b);
8   }
9
10  TEST(IntSwapTest, paramError)
```

```
11    {
12        int a = 1;
13        int_swap(&a, NULL);
14        EXPECT_EQ(1, a);
15        int_swap(NULL, &a);
16        EXPECT_EQ(1, a);
17    }
```

在程序清单 6.6 中,使用数值类型的断言来判断交换后的值与预期值是否相同。

6.3.3 浮点数判断

浮点数判断的断言和数值类型判断的断言类似,但是浮点数类型的数据在运算过程中会产生精度丢失,所以 gtest 提供了专门用于浮点数判断的断言。浮点数判断的断言在判断过程中允许出现一定的误差,以防止在运算过程中产生的精度丢失导致判断不通过。gtest 提供的浮点数判断的断言详见表 6.3。

表 6.3 浮点数判断的断言

断言	说明	通过条件
EXPECT_FLOAT_EQ(expected, actual)	(1)判断 actual 与 expected 是否相等 (2)expected 为预期值 (3)actual 为实际值 (4)expected 和 actual 为 float 类型	actual == expected
EXPECT_DOUBLE_EQ(expected, actual)	(1)判断 actual 与 expected 是否相等 (2)expected 为预期值 (3)actual 为实际值 (4)expected 和 actual 为 double 类型	actual == expected
EXPECT_NEAR(expected, actual, abs_error)	(1)判断 actual 与 expected 是否接近 (2)expected 为预期值 (3)actual 为实际值 (4)abs_error 为允许的误差 (5)所有数据为 double 类型	abs(expected − abs_error)＜abs_error

在表 6.3 中的各个断言中,由于 EXPECT _FLOAT_EQ(expected, actual)接收的数据是 float 类型,允许的误差范围会比 EXPECT_ DOUBLE_EQ(expected, actual)大。断言 EXPECT_NEAR(expected, actual, abs_error)的允许可以由变量 abs_error 指定,在测试仪器类设备的精度时会非常实用。

比如有一个计算浮点型数组的平方根的函数,要求相对误差和绝对误差都小于 1e−12,输入参数的范围是 1e−100～1e100,超出范围时抛出一个异常。函数的实现代码详见程序清单6.7。

程序清单6.7 平方根计算函数

```
1   double sqrt(double val)
2   {
3       if (val < 1e-100 || val > 1e100)
4       {
5           throw 1;
6       }
7       double x1 = val / 2;
8       double x2 = (x1 + val / x1) / 2;
9       double err = x1 > x2 ? (x1 - x2) : (x2 - x1);
10      for (int i = 0; i < 1000 && (err >= 1e-12 || err / x2 >= 1e-12); i++)
11      {
12          x1 = x2;
13          x2 = (x1 + val / x1) / 2;
14          err = x1 > x2 ? (x1 - x2) : (x2 - x1);
15      }
16      return x2;
17  }
```

在为这个函数编写测试代码时，可以使用浮点数判断的断言对返回值进行判断。该函数对应的测试代码详见程序清单6.8。

程序清单6.8 平方根计算函数正常测试用例

```
1   TEST(SqrtTest, normalTest)
2   {
3       EXPECT_NEAR(1e-50, sqrt(1e-100), 1e-12);
4       EXPECT_NEAR(1, sqrt(1), 1e-12);
5       EXPECT_NEAR(1e50, sqrt(1e100), 1e-12);
6   }
```

在程序清单6.8中，只测试了范围内的情况，范围外的测试后面再介绍。

6.3.4 字符串判断

前面提到的几个断言都是判断单个数据的，没有判断数组的。gtest单独提供了用于判断字符串的断言。字符串是以字符"\0"结尾的字符数组。gtest提供的字符串判断的断言详见表6.4。

表 6.4　字符串判断的断言

断言	说明	通过条件
EXPECT_STREQ(expected_str, actual_str)	(1)判断字符串 actual_str 与 expected_str 是否相同 (2)同时支持 char 类型和 wchar_t 类型	两个字符串完全相同
EXPECT_STRNE(str1, str2)	(1)判断字符串 str1 是否与 str2 相同 (2)同时支持 char 类型和 wchar_t 类型	两个字符串不完全相同
EXPECT_STRCASEEQ(expected_str, actual_str)	(1)判断字符串 actual_str 与 expected_str 是否只有大小写不同 (2)不支持 wchar_t 类型	两个字符串字母全部转化为大写或小写后相同
EXPECT_STRCASENE(str1, str2)	(1)判断字符串 str1 与 str2 是否只有大小写不同 (2)不支持 wchar_t 类型	两个字符串字母全部转化为大写或小写后也不相同

由于字符串是以字符"\0"作为结尾,所以字符串判断的断言并不需要指定长度。比如有一个任意类型数据交换函数,实现代码详见程序清单 6.9。

程序清单 6.9　任意类型数据交换函数

```
1    void byte_swap(void * pData1, void * pData2, size_t stSize)
2    {
3        if (pData1&&pData2&&stSize > 0)
4        {
5            unsigned char * pcData1 = (unsigned char * )pData1;
6            unsigned char * pcData2 = (unsigned char * )pData2;
7            unsigned char ucTemp;
8
9            while(stSize- -)
10           {
11               ucTemp = * pcData1; * pcData1 = * pcData2; * pcData2 = ucTemp;
12               pcData1 ++; pcData2 ++;
13           }
14       }
15   }
```

在为这个函数编写测试代码时,可使用该函数交换一个字符串,并检查交换后的字符串是否正确。该函数对应的测试代码详见程序清单 6.10。

程序清单 6.10　任意类型数据交换函数测试代码

```
1   TEST(ByteSwapTest, stringSwap)
2   {
3       char str1[10] = "123456789";
4       char str2[10] = "abcdefghi";
5       byte_swap(str1, str2, 5);
6       EXPECT_STREQ("abcde6789", str1);
7       EXPECT_STREQ("12345fghi", str2);
8   }
9
10  TEST(ByteSwapTest, paramError)
11  {
12      char str1[10] = "123456789";
13      char str2[10] = "abcdefghi";
14      byte_swap(str1, NULL, 5);
15      byte_swap(NULL, str2, 5);
16      byte_swap(str1 str2, 0);
17      EXPECT_STREQ("123456789", str1);
18      EXPECT_STREQ("abcdefghi", str2);
19  }
```

6.3.5　HRESULT 类型检查

HRESULT 是 Windows 编程中使用到的用于表示 API 执行结果的类型，gtest 也为该类型定义了两个断言，详见表 6.5。

表 6.5　判断 HRESULT 类型的断言

断言	说明	通过条件
EXPECT_HRESULT_SUCCEEDED(actual)	判断 actual 的值是否为 0	actual == 0
EXPECT_HRESULT_FAILED(actual)	判断 actual 的值是否为 0	actual != 0

6.3.6　异常检查

前面提到的断言都是检查各种数据的正确性。为了检查语句在执行过程中可能出现的异常，gtest 还提供了进行异常检查的断言，详见表 6.6。

表 6.6　异常判断的断言

断言	说明	通过条件
EXPECT_THROW(statement, exception_type)	判断语句 statement 是否抛出指定类型的异常	statement 抛出 exception_type 类型的异常

续表6.6

断言	说明	通过条件
EXPECT_NO_THROW（statement）	判断语句statement是否抛出异常	statemen没有抛出任何异常
EXPECT_ANY_THROW（statement）	判断语句statement是否抛出任意类型的异常	statement抛出任意类型的异常

在程序清单6.7的代码中,当输入的值超出范围时,会抛出一个异常,在测试用例中可以使用异常检查的断言来进行判断。该函数对应的异常测试用例详见程序清单6.11。

程序清单6.11 平方根函数正常测试用例

```
1   TEST(SqrtTest, overRange)
2   {
3       EXPECT_THROW(sqrt(1.00000001e100), int);
4       EXPECT_THROW(sqrt(9.99999999e-101), int);
5       EXPECT_THROW(sqrt(0), int);
6       EXPECT_THROW(sqrt(-1), int);
7   }
```

6.3.7 测试结果输出

在学习了编写测试用例的方法以及各种类型的断言后,相信读者已经学会如何编写一个测试用例以及如何使用实际结果和预期结果进行判断了。那么还有一个问题,就是如何知道断言的判断结果以及用例的执行结果呢?

运行前面提到的闰年判断函数的测试用例,gtest输出的信息如下:

```
1    [==========] Running 2 tests from 1 test case.
2    [----------] Global test environment set-up.
3    [----------] 2 tests from IsLeapYearTest
4    [ RUN      ] IsLeapYearTest.leapYear
5    [       OK ] IsLeapYearTest.leapYear (0 ms)
6    [ RUN      ] IsLeapYearTest.commonYear
7    [       OK ] IsLeapYearTest.commonYear (0 ms)
8    [----------] 2 tests from IsLeapYearTest (0 ms total)
9
10   [----------] Global test environment tear-down
11   [==========] 2 tests from 1 test case ran. (2 ms total)
12   [  PASSED  ] 2 tests.
```

从输出信息中可以看到,gtest会输出总用例数量、总用例集数量以及测试消耗的总时间。针对每个测试用例集,gtest 会输出用例数量以及测试消耗的总时间。针对每个用例,gtest 会输出测试执行结果以及测试消耗的时间。

在"2 tests from"后面的字符串称为用例集输出名称,该名称可以作为测试用例集的唯一标识。从输出信息中可以看到,用例集输出名称与定义测试用例时指定的用例集名称相同。

在"[RUN   ]"后面的字符串称为用例输出名称,该名称可以作为测试用例的唯一标识。从输出信息中可以看到,用例输出名称由用例集名称和用例名称组成,中间用点号分隔。

在输出信息的最后,gtest 会输出通过的测试用例数量。由于全部测试用例均测试通过,gtest 没有输出失败的测试用例数量。

以上是所有测试用例测试通过的输出信息,如果有部分测试用例测试失败,那么 gtest 会输出什么内容呢?

在闰年判断的函数中,可以将第一个"||"写为"&&",使之出现 4.3 节中第一类错误,然后再次运行测试用例,gtest 输出信息如下:

```
1   [==========] Running 2 tests from 1 test case.
2   [----------] Global test environment set-up.
3   [----------] 2 tests from IsLeapYearTest
4   [ RUN      ] IsLeapYearTest.leapYear
5   e:\demo\leapyear\test_code\leapyear_test.cpp(6): error: Value of: IsLeapYear(2000)
6     Actual: false
7   Expected: true
8   e:\demo\leapyear\test_code\leapyear_test.cpp(7): error: Value of: IsLeapYear(1996)
9     Actual: false
10  Expected: true
11  [  FAILED  ] IsLeapYearTest.leapYear (1 ms)
12  [ RUN      ] IsLeapYearTest.commonYear
13  [       OK ] IsLeapYearTest.commonYear (1 ms)
14  [----------] 2 tests from IsLeapYearTest (2 ms total)
15
16  [----------] Global test environment tear-down
17  [==========] 2 tests from 1 test case ran. (3 ms total)
18  [  PASSED  ] 1 test.
19  [  FAILED  ] 1 test, listed below:
20  [  FAILED  ] IsLeapYearTest.leapYear
21
22   1 FAILED TEST
```

从输出信息中可以看到,在断言判断失败时,gtest 会输出断言所在的源文件路径、断言所在的行号、判断的语句、实际结果、预期结果。同时,用例执行结果显示为

FAILED。

在输出信息的最后,gtest 还会输出失败的测试用例的数量以及测试用例列表。

开发者可以很方便地从输出信息中知道哪些测试用例执行失败以及判定为失败的位置,这样方便我们定位问题。

在有些时候,当断言判断失败时,开发者可能需要附加输出一些信息以方便定位问题。gtest 在定义断言时重载了"<<"运算符,可以使用该运算符在 gtest 的输出信息中加入需要的信息。使用该运算符加入的输出信息只在断言判断失败时输出,在断言判断通过时不会输出。例如,可以在闰年判断函数的测试代码中附加一些输出信息,详见程序清单 6.12。

程序清单 6.12 附加输出信息

```
1   TEST(IsLeapYearTest, leapYear)
2   {
3       EXPECT_TRUE(IsLeapYear(2000)) << "expect 2000 is leapyear";
4       EXPECT_TRUE(IsLeapYear(1996)) << "expect 1996 is leapyear";
5   }
6
7   TEST(IsLeapYearTest, commonYear)
8   {
9       EXPECT_FALSE(IsLeapYear(1999)) << "expect 1999 is commonyear";
10      EXPECT_FALSE(IsLeapYear(2100)) << "expect 2100 is commonyear";
11  }
```

在程序清单 6.12 中,在每个断言的后面增加了一条信息输出。运行测试用例,gtest 输出信息如下:

```
1   [==========] Running 2 tests from 1 test case.
2   [----------] Global test environment set-up.
3   [----------] 2 tests from IsLeapYearTest
4   [ RUN      ] IsLeapYearTest.leapYear
5   e:\demo\leapyear\test_code\leapyear_test.cpp(6): error: Value of: IsLeapYear(2000)
6     Actual: false
7   Expected: true
8   expect 2000 is leapyear
9   e:\demo\leapyear\test_code\leapyear_test.cpp(7): error: Value of: IsLeapYear(1996)
10    Actual: false
11  Expected: true
12  expect 1996 is leapyear
13  [  FAILED  ] IsLeapYearTest.leapYear (1 ms)
14  [ RUN      ] IsLeapYearTest.commonYear
15  [       OK ] IsLeapYearTest.commonYear (0 ms)
```

```
16  [----------] 2 tests from IsLeapYearTest (2 ms total)
17
18  [----------] Global test environment tear-down
19  [==========] 2 tests from 1 test case ran. (3 ms total)
20  [  PASSED  ] 1 test.
21  [  FAILED  ] 1 test, listed below:
22  [  FAILED  ] IsLeapYearTest.leapYear
23
24   1 FAILED TEST
```

从输出信息中可以看到,在断言判断失败时,gtest 在原有信息后面输出了增加的内容。

6.3.8 自定义断言

gtest 提供的断言能够满足大多数情况下的使用需要。在实际测试过程中,可能会有一些特殊的需求,而 gtest 不可能考虑到所有的情况。为了满足各种特殊需求,gtest 提供了自定义断言的方法,详见表 6.7。

表 6.7 自定义断言

断言	说明	通过条件
EXPECT_PREDN (pred, val1, val2, ..., valN)	使用 pred 函数判断 N 个参数的值,N 最大为 5	pred 函数返回 true
EXPECT_PRED_FORMATN (pred, val1, val2, ..., valN)	使用 pred 函数判断 N 个参数,N 最大为 5 失败输出的格式在 pred 函数中指定	pred 函数返回 true

比如需要对一个冒泡排序的函数进行测试,其实现代码详见程序清单 6.13。

程序清单 6.13 冒泡排序的代码

```
1   void bubblesort(int * data, int len)
2   {
3       int temp = 0;
4       for (int i = 0; i < len; i++)
5       {
6           for (int j = i + 1; j < len; j++)
7           {
8               if (data[i] > data[j])
9               {
10                  temp = data[i];
11                  data[i] = data[j];
12                  data[j] = temp;
13              }
```

```
14        }
15    }
16 }
```

在测试程序清单 6.13 所示的冒泡排序函数时,需要判断排序后的数组是否正确,然而 gtest 中并没有提供数组判断的断言。为了对数组进行判断,可以针对数据的每一个元素使用 EXPECT_EQ 进行判断。但是如果多个地方都要对数组进行比较,那么这种方法就不太方便了。

还有另外一个方法就是使用 EXPECT_PREDN 自定义断言。首先需要定义一个判断的函数,返回值为 bool。程序清单 6.14 所示为比较两个数组是否相同的函数。

程序清单 6.14　比较两个数组是否相同的函数

```
1  bool ArrayCompare(const int * exp, const int * act, int len)
2  {
3      bool flag = true;
4      for (int i = 0; i < len; i++)
5      {
6          if (exp[i] != act[i])
7          {
8              flag = false;
9              break;
10         }
11     }
12     return flag;
13 }
```

在程序清单 6.14 所示的比较函数中,总共有 3 个参数:预期结果数组首地址、实际结果数组首地址以及数组的长度。

可以使用 EXPECT_PRED3 来实现自定义断言以对数组进行比较,"3"的意思就是比较函数的参数为 3 个。使用 EXPECT_PRED3 时,第一个参数是比较函数的名字,之后 3 个参数是传入比较函数的参数。冒泡排序的测试用例详见程序清单 6.15。

程序清单 6.15　冒泡排序的测试用例

```
1  TEST(BubblSortTest, normalTest)
2  {
3      int expArray[5] = { 1, 2, 3, 4, 5 };
4      int actArray[5] = { 3, 1, 5, 4, 2 };
5      /* bubblesort(actArray, 5); */
6      EXPECT_PRED3(ArrayCompare, expArray, actArray, 5);
7  }
```

在程序清单 6.15 中，作者故意将调用排序的一条语句注释了，以查看断言判断失败会有怎样的输出。gtest 的输出如下：

```
[==========] Running 1 test from 1 test case.
[----------] Global test environment set-up.
[----------] 1 test from BubblSortTest
[ RUN      ] BubblSortTest.normalTest
e:\demo\bubblesort\test_code\bubblesort_test.cpp(11): error:
ArrayCompare(expArray,    actArray, 5) evaluates to false, where
    expArray evaluates to 0014EB38
    actArray evaluates to 0014EB1C
    5 evaluates to 5
[  FAILED  ] BubblSortTest.normalTest (1 ms)
[----------] 1 test from BubblSortTest (1 ms total)

[----------] Global test environment tear-down
[==========] 1 test from 1 test case ran. (3 ms total)
[  PASSED  ] 0 tests.
[  FAILED  ] 1 test, listed below:
[  FAILED  ] BubblSortTest.normalTest

 1 FAILED TEST
```

从输出信息中可以看到，期望 ArrayCompare(expArray, actArray, 5) 的调用返回 true，实际上返回了 false，因为还没有对数组进行排序。gtest 还输出了两个用于比较的数组的首地址的值。实际上，给出两个数组的首地址并没有作用，开发者只有知道数组里各个元素的值，才能知道为什么会判断为不通过。这样一来，不仅需要自定义断言，还需要自定义输出内容。

为了自定义输出，需要定义一个带自定义输出的比较函数，本例的带自定义输出格式数组比较函数的原型如下：

```
testing::AssertionResult ArrayCompare(char * expStr, char * actStr, char * lenStr,
                    const int * exp, const int * act, int len);
```

在以上函数原型中，比之前的比较函数多出 3 个 char * 类型的参数，这 3 个参数代表用于比较的实际参数的名称，这样就可以在判断失败时输出实际参数的名称以方便辨识。

testing::AssertionResult 为 gtest 定义的用于存放判断结果和错误信息的类型，可以使用这个类型返回函数判断的结果以及需要输出的错误信息。

为了使函数能够返回 testing::AssertionResult 类型的对象，需要使用两个函数，函数原型如下：

```
testing::AssertionResult testing::AssertionSuccess();
testing::AssertionResult testing::AssertionFailure(const testing::Message& msg);
```

使用函数 testing::AssertionResult testing::AssertionSuccess()可以得到一个代表测试成功的对象。

使用函数 testing::AssertionResult testing::AssertionFailure(const testing::Message& msg)可以得到一个代表测试失败的对象,其中 msg 为存放错误信息的对象。

testing::Message 为 gtest 定义的一个类型,该类型重载"<<"操作符。使用这个操作符可以将需要输出的错误信息存入 testing::Message 类型的对象中。

带自定义输出格式的数组比较函数详见程序清单6.16。

程序清单6.16　比较两个数组(带自定义输出格式)

```
1    testing::AssertionResult ArrayCompare(char * expStr, char * actStr, char * lenStr,
2                                          const int * exp, const int * act, int len)
3    {
4        bool flag = true;
5        for (int i = 0; i < len; i++)
6        {
7            if (exp[i] != act[i])
8            {
9                flag = false;
10               break;
11           }
12       }
13
14       if (flag)
15       {
16           return testing::AssertionSuccess();
17       }
18       else
19       {
20           testing::Message msg;
21           msg << "\nexcept is " << expStr << std::endl;
22           for (int i = 0; i < len; i++)
23           {
24               msg << exp[i] << " ";
25           }
26           msg << "\nactually is " << actStr << std::endl;
27           for (int i = 0; i < len; i++)
28           {
```

```
29              msg << act[i] << " ";
30          }
31          msg << "\nlength is " << lenStr << ": " << len;
32          return testing::AssertionFailure(msg);
33      }
34  }
```

在程序清单 6.16 中,如果两个数组不相等,则将数组的名称以及各个元素的值保存到输出信息中。

可以使用 EXPECT_PRED_FORMAT3 来实现自定义输出格式断言以对数组进行比较,"3"的意思就是比较函数的参数为 3 个。使用 EXPECT_PRED_FORMAT3 时,第一个参数是比较函数的名称,之后 3 个参数是传入比较函数的参数。程序清单 6.17 所示为自定义输出格式的冒泡排序的测试用例。

程序清单 6.17 冒泡排序测试用例(自定义输出格式)

```
1  TEST(BubblSortTest, normalTest)
2  {
3      int expArray[5] = { 1, 2, 3, 4, 5 };
4      int actArray[5] = { 3, 1, 5, 4, 2 };
5      /* bubblesort(actArray, 5); */
6      EXPECT_PRED_FORMAT3(ArrayCompare, expArray, actArray, 5);
7  }
```

在程序清单 6.17 中,同样故意将调用排序的一条语句注释了,以查看断言判断失败会有怎样的输出。gtest 的输出如下:

```
[==========] Running 1 test from 1 test case.
[----------] Global test environment set-up.
[----------] 1 test from BubblSortTest
[ RUN      ] BubblSortTest.normalTest
e:\demo\bubblesort\test_code\bubblesort_test.cpp(11): error:
except is expArray
1 2 3 4 5
actually is actArray
3 1 5 4 2
length is 5:5
[  FAILED  ] BubblSortTest.normalTest (1 ms)
[----------] 1 test from BubblSortTest (1 ms total)

[----------] Global test environment tear-down
[==========] 1 test from 1 test case ran. (2 ms total)
[  PASSED  ] 0 tests.
[  FAILED  ] 1 test, listed below:
```

```
[  FAILED  ] BubblSortTest.normalTest

1 FAILED TEST
```

从输出信息中可以看到,当判断失败时,gtest 按照设定的输出格式将两个数组的名字以及各个元素的值都打印出来,这样就比较方便地识别断言判断不通过的原因。

6.3.9 EXPECT 系列断言和 ASSERT 系列断言

到目前为止,介绍的断言都是 EXPECT 开头的,实际上 gtest 还有另外一种断言,是以 ASSERT 开头的。每一个 EXPECT 开头的断言都有一个对应的 ASSERT 开头的判断,例如 EXPECT_EQ 对应 ASSERT_EQ。

可以把 EXPECT 开头的断言称为 EXPECT 系列断言,把 ASSERT 开头的断言称为 ASSERT 系列断言。那么 EXPECT 系列断言和 ASSERT 系列断言有什么区别呢?

在测试用例中,当一条断言判断失败时,可以有两种选择:一种是继续进行后面的操作;另一种是不再进行后面的操作,直接返回。在这两种情况下,EXPECT 系列断言和 ASSERT 系列断言的区别就会体现出来。

在使用 EXPECT 系列断言时,当判断失败时,gtest 会继续后面的操作,这样就能一次性发现更多的错误。

在某些时候,当判断失败时,gtest 不需要再进行后续的操作。例如先判断指针是否为空、再判断指针指向的内容,显然当指针为空时不需要再判断指针指向的内容。在这种情况下就可以使用 ASSERT 系列断言。

值得注意的是,ASSERT 系列断言在判断失败时不一定是结束当前测试用例,也可能是结束当前函数。当测试用例中调用了其他函数时,函数里面 ASSERT 系列断言判断失败时会结束当前函数,但测试用例会继续运行。只有在测试用例中的 ASSERT 系列断言判断失败时,才会结束当前测试用例。

6.3.10 类型检查

前面提到的断言中,有判断值的,有判断异常的,这些都需要代码运行起来才能进行判断,属于动态检查。

除了检查值和异常外,gtest 还提供了类型检查的机制,依赖该机制可以检查两个变量的类型是否相同,以及某个变量是否是指定类型的变量。类型检查失败时会出现编译错误,也就是说,类型检查属于静态检查。

实际上,对于类型使用错误,编译器本身就可以发现,并不需要自己另外编写代码来检查,所以该机制在实际测试过程中使用的机会不多。大家在阅读时可以直接跳过本小节的内容。

gtest 中进行类型检查时需要用到一个函数模板,其定义详见程序清单 6.18。

程序清单 6.18 StaticAssertTypeEq 模板实现

```
/*    File: gtest.h        */
2153   template < typename T1, typename T2 >
2154   bool StaticAssertTypeEq() {
2155       (void)internal::StaticAssertTypeEqHelper < T1, T2 >();
2156       return true;
2157   }
```

可以看到,该函数模板中使用了另外一个模板,其定义详见程序清单 6.19。

程序清单 6.19 StaticAssertTypeEqHelper 模板实现

```
/*    File: gtest-port.h     */
1085   template < typename T >
1086   struct StaticAssertTypeEqHelper < T, T > {
1087       enum { value = true };
1088   };
```

对比两个模板的实现可知,StaticAssertTypeEq 中使用了两个类型 T1 和 T2,而 StaticAssertTypeEqHelper 中只使用了一个类型 T。也就是说,在调用 StaticAssertTypeEq 时,必须保证 T1 和 T2 相等,否则就会因为两个类型不匹配而导致编译失败。

例如,按照如下方式调用就会导致编译失败:

```
testing::StaticAssertTypeEq < int, char >();
```

只有使用如下方式调用编译才能通过:

```
testing::StaticAssertTypeEq < int, int >();
```

这里有一个问题,以上两种调用方式是没有任何实际意义的,int 和 char 的类型不同,int 和 int 的类型相同,并不需要额外的代码来判断。重点是要判断两个变量的类型是否相同。这样一来,就不能按照以上简单的方式调用了。

为了能够实现判断两个变量的类型相等,开发者需要自己实现另外一个函数模板,详见程序清单 6.20。

程序清单 6.20 判断两个变量类型是否相同的代码

```
1   template < typename T1, typename T2 >
2   void TypeEq(T1 val1, T2 val2)
3   {
4       testing::StaticAssertTypeEq < T1, T2 >();
5   }
```

该函数模板接收两个任意类型的参数,并通过调用程序清单 6.18 中的函数模板来判断两个参数的类型是否相同。

StaticAssertTypeEq模板要求T1和T2两个类型相同,当调用TypeEq函数模板时,如果val1和val2两个变量的类型不相同,则会产生编译错误。可以采用类似以下代码来检查两个变量的值是否相同:

```
int x = 0;
char ch = 0;
TypeEq(x, ch);
```

在以上代码中,编译器在编译时会出现错误,因为两个变量的类型并不相同。

在程序清单6.20中,生成了判断两个变量类型是否相同的通用方法,同样也可以生成判断某个变量是否是某个类型的通用方法,详见程序清单6.21。

程序清单6.21　判断一个变量是否为指定类型的代码

```
1   #define CHECK_TYPE(vl, ty)\
2   {\
3       ty expVal;\
4       TypeEq(vl, expVal);\
5   }
```

在程序清单6.21中,生成了一个宏CHECK_TYPE,在CHECK_TYPE里定义了一个ty类型的变量expVal,并判断vl和expVal的类型是否相同。可以按照以下方式来使用这个宏:

```
int x = 0;
CHECK_TYPE(x, int);
```

6.4　测试夹具

在编写一些比较复杂的测试用例时,通常会进行以下4个步骤的工作:

① 初始化环境:在编写测试用例时,有些用例需要在某些特定的前提条件下执行,所以需要进行初始化操作使系统处于特定的状态来执行测试用例。

② 运行:使用特定的数据运行被测试代码。

③ 验证结果:测试代码运行结束后对被测试代码返回的数据进行验证。

④ 清理现场:为了不影响其他测试用例的执行,测试完成后需要将系统状态还原到初始状态。

在很多情况下,同一个测试用例集中的用例都有相同的前提条件,而且执行完成后的清理操作也一致。在这种情况下就可以将初始化环境和清理现场的步骤提取出来,不需要在每一个用例中都复制一遍代码。

按照常规的手段,可以将初始化环境和清理现场的操作分别写成函数,然后在每个测试用例中调用这个函数就可以了。gtest 提供了定义测试夹具的方法,开发者可以把初始化环境和清理现场的操作在测试夹具中实现,由 gtest 自动调用测试夹具中的代码。

这里以一个单链表操作模块的例子来介绍测试夹具的用法,单链表模块的部分定义详见程序清单 6.22。

程序清单 6.22　单链表的部分定义

```
1    typedef struct _slist_node {
2        struct _slist_node    * p_next;        //指向下一个结点的指针
3    } slist_node_t;
4
5    typedef   slist_node_t  slist_head_t;
6
7    slist_node_t * slist_prev_get (slist_head_t * p_head, slist_node_t * p_pos);
                                                            //获取前一个结点
8    slist_node_t * slist_next_get (slist_head_t * p_head, slist_node_t * p_pos);
                                                            //获取后一个结点
9    slist_node_t * slist_tail_get (slist_head_t * p_head);  //获取第一个结点
10   slist_node_t * slist_first_get (slist_head_t * p_head); //获取最后一个结点
```

注意:程序清单 6.22 中并不是单链表的全部定义,是为了学习测试夹具而选取的部分定义。

在程序清单 6.22 中,定义了单链表的节点的结构以及 4 个查询的函数,下面将针对这 4 个函数进行测试以介绍测试夹具的用法。

6.4.1　测试用例初始化和清理

一个测试用例集中,若需要在每个测试用例执行之前都进行初始化操作,每个测试用例执行之后都进行清理操作,那么可以将这部分操作放入测试夹具中。

1. 生成测试夹具

为了生成测试夹具,需要从 testing::Test 派生一个类,可以把这个派生的类称为测试夹具。需要在测试夹具中实现 testing::Test 的两个虚函数 void SetUp() 和 void TearDown(),在 SetUp() 函数中定义每个测试用例执行之前的初始化操作,在 TearDown() 函数中定义每个测试用例执行之后的清理操作。

在测试单链表的各个查询函数时,在每个测试用例执行之前,都需要生成一个链表;而在每个测试用例执行之后,都需要清除刚才生成的链表。

那么可以在测试夹具中实现初始化和清理操作,详见程序清单 6.23。

程序清单6.23 单链表测试用例初始化和清理

```
1   class CSlistTest : public testing::Test
2   {
3   public:
4       virtual void SetUp()
5       {
6           m_head.p_next = &m_node1;
7           m_node1.p_next = &m_node2;
8           m_node2.p_next = &m_node3;
9           m_node3.p_next = NULL;
10      }
11      virtual void TearDown()
12      {
13      }
14      slist_head_t m_head;
15      slist_node_t m_node1;
16      slist_node_t m_node2;
17      slist_node_t m_node3;
18  };
```

在程序清单6.23中,生成了一个名为CSlistTest的测试夹具,并实现了testing::Test的两个虚函数SetUp和TearDown。在SetUp函数中生成了测试需要使用的链表;在测试夹具析构时链表会自动销毁,TearDown函数不需要实现任何内容。

2. 使用测试夹具

定义了测试夹具后,就可以在编写测试用例时使用测试夹具了。在定义测试用例时,gtest需要知道当前测试用例使用哪个测试夹具。可以使用如程序清单6.24所示的框架来定义测试用例。

程序清单6.24 使用测试夹具定义测试用例的框架

```
TEST_F(test_case_name, test_name)
{
    ......
}
```

与前面不同的是,这里使用TEST_F而不是TEST。这里使用前面定义测试夹具的类名作为test_case_name以告诉gtest使用哪个测试夹具。单链表的查询函数对应的部分测试用例详见程序清单6.25。

程序清单 6.25　单链表部分测试用例

```
1   TEST_F(CSlistTest, getFirstNext)
2   {
3       EXPECT_EQ(&m_node2, slist_next_get(&m_head, &m_node1));
4   }
5
6   TEST_F(CSlistTest, getLastNext)
7   {
8       EXPECT_EQ(NULL, slist_next_get(&m_head, &m_node3));
9   }
10
11  TEST_F(CSlistTest, getHeadNext)
12  {
13      EXPECT_EQ(&m_node1, slist_next_get(&m_head, &m_head));
14  }
15
16  TEST_F(CSlistTest, getNext_nodeIsNull)
17  {
18      EXPECT_EQ(NULL, slist_next_get(&m_head, NULL));
19  }
20
21  TEST_F(CSlistTest, getNext_headIsNull)
22  {
23      EXPECT_EQ(NULL, slist_next_get(NULL, &m_node1));
24  }
```

由于在前面测试夹具的初始化步骤中创建了一个链表,所以在程序清单 6.25 中各个测试用例可以直接使用前面创建的链表。通过程序清单 6.25 可以看出,测试用例可以直接使用测试夹具中定义的变量。

6.4.2　测试用例集初始化和清理

在某些情况下,并不需要在每个测试用例执行前后都进行初始化和清理操作,只需要在测试用例集执行前进行初始化操作,在测试用例集执行后进行清理操作即可。像 6.4.1 小节的单链表中,就不需要每个测试用例都创建一个链表,只需要创建一个链表供所有测试用例使用即可。针对这一类应用,也可以在测试夹具中实现初始化和清理。

为了实现测试用例集的初始化和清理,只需要在测试夹具中增加两个静态函数,static void SetUpTestCase() 和 static void TearDownTestCase(),然后在这两个函数中分别实现初始化操作和清理操作就可以了。程序清单 6.23 中的代码可以修改为程序清单 6.26 所示代码。

程序清单 6.26　单链表测试用例集的初始化和清理

```
1   class CSlistTest  : public testing::Test
2   {
3   public:
4       static void SetUpTestCase ()
5       {
6           m_head.p_next = &m_node1;
7           m_node1.p_next = &m_node2;
8           m_node2.p_next = &m_node3;
9           m_node3.p_next = NULL;
10      }
11      static void TearDownTestCase()
12      {
13      }
14      static slist_head_t m_head;
15      static slist_node_t m_node1;
16      static slist_node_t m_node2;
17      static slist_node_t m_node3;
18  };
19  slist_head_t CSlistTest ::m_head;
20  slist_head_t CSlistTest ::m_node1;
21  slist_head_t CSlistTest ::m_node2;
22  slist_head_t CSlistTest ::m_node3;
```

值得注意的是，在对测试用例集进行初始化和清理时，由于 SetUpTestCase 和 TearDownTestCase 是静态函数，所以只能使用静态变量。在实际应用中，可以根据需要在测试夹具中同时定义测试用例初始化和清理操作以及测试用例集初始化和清理操作，以对不同阶段进行不同的初始化和清理。

6.4.3　全局初始化和清理

在某些情况下，既不需要在每个测试用例执行前进行初始化和清理操作，也不需要在每个测试用例集执行前后都进行初始化和清理操作。只需要在整个测试开始之前执行初始化操作，在整个测试结束之后执行清理操作。在这种情况下可以使用全局测试夹具来完成这些操作。

1. 定义全局测试夹具

为了使用全局测试夹具，需要通过 testing::Environment 派生一个类，并分别实现它的两个虚函数 void SetUp() 和 void TearDown()。可以在 SetUp() 函数中定义测试执行前的初始化操作，在 TearDown() 函数中定义测试执行后的清理操作。全局测试夹具的定义框架详见程序清单 6.27。

程序清单 6.27　全局初始化和清理

```cpp
1   class GlobalEnvironment : public testing::Environment
2   {
3   public:
4       virtual void SetUp()
5       {
6           //todo：测试开始前的初始化动作
7       }
8       virtual void TearDown()
9       {
10          //todo：测试结束后的清理动作
11      }
12  };
```

2. 使用全局测试夹具

要使用全局测试夹具,只需要在 main 函数中调用 RUN_ALL_TESTS() 之前添加如下代码即可：

```
testing::AddGlobalTestEnvironment(new GlobalEnvironment ());
```

6.4.4　测试夹具中各动作的执行顺序

在进行初始化操作时,执行顺序是全局初始化→测试用例集初始化→测试用例初始化；在进行清理操作时,执行顺序是测试用例清理→测试用例集清理→全局清理。例如有两个测试用例集,测试用例集 1 中有两个测试用例 A 和 B,测试用例集 2 中有两个测试用例 C 和 D。各个阶段的初始化和清理操作的执行顺序详见图 6.1。

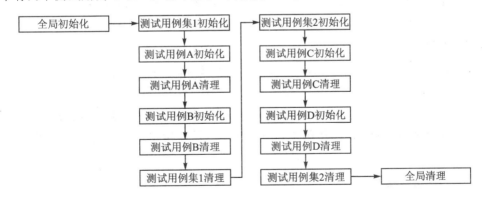

图 6.1　各种事件执行顺序

6.5 使用参数化快速生成测试用例

在设计测试用例时,经常需要考虑多个不同输入值的情况。例如,前面的闰年判断示例中就需要考虑不同的输入值。

在这种情况下,需要多次执行相同的代码,每次使用不同的数据进行测试。针对这样的情况,可以有两种解决方案:

① 将相同的代码复制很多次,然后修改输入值和预期结果。

② 将输入值和预期结果放入一个数组中,使用循环语句来测试不同的值。

第一种方法会有个问题:当测试点比较多时,测试步骤会被复制很多次,若发现测试步骤需要修改,将会很麻烦。

第二种方法有效地解决了第一种方法的问题,但第二种方法会存在新的问题,就是测试出错时,通过输出信息不一定能定位是哪组数据有问题。

gtest 提供了参数化机制,可以有效地解决这个问题。

6.5.1 参数化

参数化是这样一种机制:它允许开发者分别定义多组测试步骤和多组测试数据,然后 gtest 对每一组测试步骤和测试数据进行组合测试。

1. 生成测试夹具

在使用参数化时,同样需要使用测试夹具,在测试夹具中指定参数的类型。首先需要通过 testing::TestWithParam < T > 派生一个类,其中 T 为需要参数化的参数类型。在闰年判断函数的测试中,参数中包含两个变量:输入的年份和期望的返回值。这里可以使用类型 std::tr1::tuple < int, bool > 来表示,std::tr1::tuple < T1, T2 > 是 C++11 标准中定义的一个模板,需要确保编译器支持 C++11 标准。定义的测试夹具如下所示:

```
class CIsLeapYearTest : public testing::TestWithParam < std::tr1::tuple < int, bool > > {};
```

实际上,也可以在以上测试夹具中定义测试用例初始化和清理操作,以及测试用例集初始化和清理操作。由于闰年判断函数中不需要初始化和清理操作,所以不需要定义。

2. 生成参数列表

定义测试夹之后,还需要生成参数列表。首先需要定义一个数组,详见程序清单 6.28。

程序清单6.28　包含所有参数的数组

```
std::tr1::tuple < int, bool > dataList[4] = {
    std::tr1::tuple < int, bool >(2000, true),
    std::tr1::tuple < int, bool >(1996, true),
    std::tr1::tuple < int, bool >(1999, false),
    std::tr1::tuple < int, bool >(2100, false)
};
```

当定义好一个数组后,就可以使用这个数组生成参数列表。这里需要使用宏 INSTANTIATE_TEST_CASE_P 来生成测试需要的参数列表,如下所示：

```
INSTANTIATE_TEST_CASE_P(testList, CIsLeapYearTest, testing::ValuesIn(dataList));
```

在以上代码行中,testList 是参数列表的名称,读者可以根据自己的测试意图自行定义;CIsLeapYearTest 是前面定义的测试夹具的类名,用于告诉 gtest 使用哪个夹具来生成参数列表;testing::ValuesIn(dataList) 是一个参数生成器,意为使用数组 dataList 中的所有元素来生成参数列表,每一个元素生成一组参数。

3. 编写测试用例

在生成参数列表后,就可以编写测试用例了。同前面一样,在使用参数化编写测试用例时,需要告诉 gtest 测试夹具的类名。不同的是,这里需要使用 TEST_P。程序清单6.29 所示为使用参数化生成的闰年判断函数的测试用例。

程序清单6.29　使用参数化生成的闰年判断函数的测试用例

```
TEST_P(CIsLeapYearTest, normalTest)
{
    std::tr1::tuple < int, bool > param = GetParam();
    int year = std::tr1::get < 0 >(param);
    bool result = std::tr1::get < 1 >(param);
    EXPECT_EQ(result, IsLeapYear(year));
}
```

在程序清单6.29 中,使用前面定义的测试夹具的类名作为测试用例集的名称,在测试用例中使用 GetParam() 函数来获取一组参数,返回的参数类型与测试夹具中指定的类型一致。

同样,在闰年判断函数中,将第一个"||"改写为"&&",使之出现4.3节中第一类错误。gtest 的输出内容如下：

```
[==========] Running 4 tests from 1 test case.
[----------] Global test environment set-up.
[----------] 4 tests from testList/CIsLeapYearTest
[ RUN      ] testList/CIsLeapYearTest.normalTest/0
e:\demo\param\test_code\leapyear_test.cpp(21): error: Value of: IsLeapYear(year)
```

```
    Actual: false
Expected: result
Which is: true
[  FAILED  ] testList/CIsLeapYearTest.normalTest/0, where GetParam() = (2000, true) (1 ms)
[ RUN      ] testList/CIsLeapYearTest.normalTest/1
e:\demo\param\test_code\leapyear_test.cpp(21): error: Value of: IsLeapYear(year)
    Actual: false
Expected: result
Which is: true
[  FAILED  ] testList/CIsLeapYearTest.normalTest/1, where GetParam() = (1996, true) (0 ms)
[ RUN      ] testList/CIsLeapYearTest.normalTest/2
[       OK ] testList/CIsLeapYearTest.normalTest/2 (0 ms)
[ RUN      ] testList/CIsLeapYearTest.normalTest/3
[       OK ] testList/CIsLeapYearTest.normalTest/3 (0 ms)
[----------] 4 tests from testList/CIsLeapYearTest (3 ms total)

[----------] Global test environment tear-down
[==========] 4 tests from 1 test case ran. (5 ms total)
[  PASSED  ] 2 tests.
[  FAILED  ] 2 tests, listed below:
[  FAILED  ] testList/CIsLeapYearTest.normalTest/0, where GetParam() = (2000, true)
[  FAILED  ] testList/CIsLeapYearTest.normalTest/1, where GetParam() = (1996, true)
```

从输出信息中可以看出，gtest 根据参数列表中的每一组参数分别生成一个测试用例。**测试用例输出名称由参数列表名称、测试用例集的名称、测试用例的名称、使用的参数的下标 4 个部分组成，分别用斜杠、点号、斜杠分隔**。当某组参数测试失败时，会输出具体参数的值，这样就非常便于定位问题了。

6.5.2 参数生成器

在 6.5.1 小节中，提到一个参数生成器的概念。在本小节中，将重点介绍什么是参数生成器以及 gtest 中有哪些参数生成器。

参数生成器是 gtest 定义的生成参数列表的工具。使用参数生成器可以很方便地生成参数列表以供测试用例使用。

1. test::ValuesIn(container)

当 container 为一个 C 语言数组时，使用数组中的所有元素生成参数列表；

当 container 为一个 C++ 容器时，使用容器中的所有元素生成参数列表。

在 6.5.1 小节的示例中，就是以一个 C 语言数组中的所有元素生成参数列表。

在如下示例代码中，生成的参数列表 param 中包含 5 组参数（分别是 1、3、5、7、9）：

```
class ParamTest : public testing::TestWithParam < int >{};
int temp[] = {1, 3, 5, 7, 9};
std::vector < int > buff(temp, temp + 5);
INSTANTIATE_TEST_CASE_P(param, ParamTest, testing::ValuesIn(buff));
```

2. test::Values(v1, v2, …, vN)

该生成器使用 v1～vN 中的 N 个值生成参数列表，N 的最大值为 50。

在如下示例代码中，生成的参数列表 param 中包含 5 组参数（分别是 1、3、5、7、9）：

```
class ParamTest : public testing::TestWithParam < int >{};
INSTANTIATE_TEST_CASE_P(param, ParamTest, testing::Values(1, 3, 5, 7, 9));
```

3. test::ValuesIn(begin, end)

该生成器定义两个 C++ 迭代器 begin 和 end，从 begin 遍历到 end，使用遍历到的所有元素生成参数列表，不包含 end 指向的元素。

在如下示例代码中，生成的参数列表 param 中包含 5 组参数（分别是 1、3、5、7、9）：

```
class ParamTest : public testing::TestWithParam < int >{};
int temp[] = {1, 3, 5, 7, 9};
std::vector < int > buff (temp, temp + 5);
std::vector < int >::iterator start = buff.begin();
std::vector < int >::iterator end = buff.end();
INSTANTIATE_TEST_CASE_P(param, ParamTest, testing::ValuesIn(start, end));
```

4. test::Range(begin, end[, step])

该生成器使用 begin～end 范围内所有值生成参数列表，不包含 end 的值，step 为指定的步进（不指定时默认步进为 1）。值得注意的是：使用该生成器时，参数的类型只能为 int 或 double 类型。

在如下示例代码中，生成的参数列表 param 中包含 5 组参数（分别是 1、3、5、7、9）：

```
class ParamTest : public testing::TestWithParam < int >{};
INSTANTIATE_TEST_CASE_P(param, ParamTest, testing::Range(1, 11, 2));
```

5. test::Bool()

当参数类型为 bool 类型时，使用该生成器生成的参数列表中包含 true 和 false 两个值。

在如下示例代码中，生成的参数列表 param 中包含 2 组参数（分别是 true、false）：

```
class ParamTest : public testing::TestWithParam < bool >{};
INSTANTIATE_TEST_CASE_P(param, ParamTest, testing::Bool());
```

6. test::Combine(g1, g2, ..., gN)

这是一个强大的参数生成器,它接受N(N的最大值为10)个参数生成器g1~gN,然后将N个参数生成器生成的参数列表进行完全组合,得到一个新的参数列表。使用该参数生成器时,参数类型应该为std::tr1::tuple模板定义的组合类型。

在如下示例代码中,生成的参数列表testList中包含10组参数,分别是(1, true)、(1, false)、(3, true)、(3, false)、(5, true)、(5, false)、(7, true)、(7, false)、(9, true)、(9, false)。

```
class CIsLeapYearTest : public testing::TestWithParam < std::tr1::tuple < int, bool > > {};
INSTANTIATE_TEST_CASE_P(testList, ParamTest
                testing::Combine(testing::Values(1,3,5,7,9),testing::Bool()));
```

6.5.3 类型参数化

在测试过程中,有时几个不同的类在接口定义和功能上都比较类似。这类测试有一个特点:不同类的实现代码均不相同,但测试代码基本上都相同。如果单独为每个类编写测试代码,则会产生很多重复的测试代码。

gtest提供了类型参数化以解决这个问题。使用类型参数化机制可以分别定义测试用例步骤和一个类型列表,然后会分别为类型列表中的每一个类型生成一组测试用例。

假如要写一个类来实现菲波数列的计算,要求能够计算0~20的菲波数列的数值,若超出范围则返回0。程序清单6.30给出了计算菲波数列的两种不同的方式,可以使用类型参数化对程序清单6.30中的两个类进行测试。

程序清单6.30 菲波数列的两种实现方式

```
1    #pragma once
2
3    class CFibDirect
4    {
5    public:
6        nt CalcFib(int n)
7        {
8            if(n < = 0 || n > 20) return 0;
9            if(n == 1) return 1;
10           return CalcFib(n-1) + CalcFib(n-2);
11       }
12   };
13
```

```
14    class CFibArray
15    {
16    public:
17        CFibArray()
18        {
19            FibInit();
20        }
21
22        nt CalcFib(int n)
23        {
24            if(n < 0 || n > 20) return 0;
25            return m_array[n];
26        }
27
28    private:
29        void FibInit()
30        {
31            m_array[0] = 0;
32            m_array[1] = 1;
33            for(int i = 2; i < 20; i++)
34            {
35                m_array[i] = m_array[i-1] + m_array[i-2];
36            }
37        }
38        int m_array[21];
39    };
```

在程序清单 6.30 中，类 CFibDirect 采用递归的方式进行计算；类 CFibArray 则是提前将结果存入一个数组中，在需要计算的时候直接从数组中取出数值进行返回以提高效率。在第 33 行，作者故意将 21 写成 20，便于后续查看 gtest 输出信息。

1. 生成测试夹具

在使用类型参数化时，需要定义一个模板化的测试夹具，在生成测试用例时，gtest 可以使用实际的类型替代模板参数。通过 test::Test 派生一个模板类作为测试夹具，详见程序清单 6.31。

程序清单 6.31　模板化的测试夹具

```
1    template < typename T >
2    class CFibTest : public testing::Test
3    {
4    public:
5        T m_fib;
6    };
```

如果需要定义测试用例或测试用例集的初始化和清理操作,可在测试夹具中定义。

2. 定义测试类型列表

在定义好测试夹具之后,接下来定义需要测试的类型列表。这里需要使用一个模板 testing::Types <...> ,该模板接受 1~50 个类型名作为参数,可以将需要测试的类型作为参数传入该模板以生成一个新的类型作为类型列表。例如,以下代码行使用 CFibDirect 和 CFibArray 两个类型生成类型列表:

```
typedef testing::Types < CFibDirect, CFibArray > FibTypes;
```

生成类型列表后,还需要将生成的类型列表与测试夹具关联起来,以告诉 gtest 这个类型列表作用于哪些测试用例。这里需要使用一个宏 TYPED_TEST_CASE,这个宏接受两个参数,第一个参数为测试夹具的名称,第二个参数为前面定义的类型列表。例如,以下代码将测试夹具 CFibTest 和类型参数列表 FibTypes 关联起来:

```
TYPED_TEST_CASE(CFibTest, FibTypes);
```

3. 编写测试用例

在定义了测试类型列表后,就可以编写测试用例了。这里定义测试用例需要使用 TYPED_TEST,这样 gtest 才能够使用类型参数化特性。测试用例集名称需要使用前面定义的测试夹具的名称。菲波数列对应的测试用例详见程序清单 6.32。

程序清单 6.32 使用类型参数化实现的测试代码

```
1    TYPED_TEST(CFibTest, abnormal)
2    {
3        EXPECT_EQ(0, m_fib.CalcFib(-1));
4        EXPECT_EQ(0, m_fib.CalcFib(21));
5    }
6
7    TYPED_TEST(CFibTest, normal)
8    {
9        EXPECT_EQ(0, m_fib.CalcFib(0));
10       EXPECT_EQ(1, m_fib.CalcFib(1));
11       EXPECT_EQ(1, m_fib.CalcFib(2));
12       EXPECT_EQ(2, m_fib.CalcFib(3));
13       EXPECT_EQ(4181, m_fib.CalcFib(19));
14       EXPECT_EQ(6765, m_fib.CalcFib(20));
15   }
```

在测试用例中,如果需要使用传入的参数类型定义变量,可以使用 TypeParam 作为类型名。运行测试用例,gtest 的输出内容如下:

```
[==========] Running 4 tests from 2 test cases.
[----------] Global test environment set-up.
[----------] 2 tests from CFibTest/0, where TypeParam = class CFibDirect
[ RUN      ] CFibTest/0.abnormal
[       OK ] CFibTest/0.abnormal (0 ms)
[ RUN      ] CFibTest/0.normal
[       OK ] CFibTest/0.normal (1 ms)
[----------] 2 tests from CFibTest/0 (2 ms total)

[----------] 2 tests from CFibTest/1, where TypeParam = class CFibArray
[ RUN      ] CFibTest/1.abnormal
[       OK ] CFibTest/1.abnormal (0 ms)
[ RUN      ] CFibTest/1.normal
e:\demo\typeparam\test_code\fib_test.cpp(28): error: Value of: m_fib.CalcFib(20)
  Actual: -842150451
Expected: 6765
[  FAILED  ] CFibTest/1.normal, where TypeParam = class CFibArray (0 ms)
[----------] 2 tests from CFibTest/1 (2 ms total)

[----------] Global test environment tear-down
[==========] 4 tests from 2 test cases ran. (4 ms total)
[  PASSED  ] 3 tests.
[  FAILED  ] 1 test, listed below:
[  FAILED  ] CFibTest/1.normal, where TypeParam = class CFibArray

 1 FAILED TEST
```

从输出信息中可以看到,gtest 根据类型列表中的每一个类型分别生成一个测试用例集。测试用例集的输出名称由测试夹具类名和类型在列表中的序号组成,以斜杠分隔;测试用例输出名称由测试用例集输出名称和测试用例的名称组成,以点号分隔。在每个测试用例集输出名称的后面,会输出当前测试的类型,当某组参数测试失败时,在测试用例输出名称后面会输出具体的类型,以方便问题定位。

6.6 死亡测试

顾名思义,死亡测试就是测试程序死亡(即崩溃,也可以说是异常退出),在死亡测试中,希望程序按预期的方式崩溃。在实际产品开发过程中,只有程序发生错误才会异常退出,而在实际测试过程中却希望程序不会异常退出,所以死亡测试基本上不会用到。

在进行死亡测试时,需要使用到另外两个断言——EXPECT_EXIT(statement,

predicate,regex)和 EXPECT_DEATH(statement,regex)。在 gtest 的源代码中,可以看到 EXPECT_DEATH 的定义如下:

```
/*      File:gtest-death-test.h       */
# define EXPECT_DEATH(statement, regex) \
    EXPECT_EXIT(statement, ::testing::internal::ExitedUnsuccessfully, regex)
```

由此可知,EXPECT_DEATH 实际上是通过 EXPECT_EXIT 来实现的,所以读者只要了解 EXPECT_EXIT 就能够了解 EXPECT_DEATH。

EXPECT_EXIT 包含 3 个参数(statement、predicate 和 regex):

➢ statement 为要执行的语句。

➢ predicate 为函数指针,函数原型为"bool predicate(int)",函数参数为 int 类型,返回值为 bool 类型。当 statement 执行过程中出现程序退出时,将退出码传入函数 predicate 中,执行 predicate。若 predicate 返回 false 则为判断失败。

➢ regex 为一个正则表达式,用于匹配程序异常退出时向 stderr 中输出的内容。

gtest 实现两个判断函数,这样编写测试用例时就可以直接调用,不需要自己再实现判断函数。

testing::internal::ExitedUnsuccessfully:当退出码不为 0 时,返回 true,否则返回 false。

testing::ExitedWithCode(expect_code):gtest 实现的一个类,构造函数以预期的退出码作为参数,这个类可以转化为 bool(*)(int)类型的函数。若退出码和 expect_code 相等,则返回 true,否则返回 false。

在定义死亡测试的测试用例时,测试用例集名称建议以 DeathTest 作为结尾,这样一来,gtest 就会优先执行死亡测试用例。

死亡测试的示例程序详见程序清单 6.33。

程序清单 6.33 死亡测试示例

```
void int_swap(int * p1, int * p2)
{
    int temp = * p1;
    * p1 = * p2;
    * p2 = temp;
}
TEST(SwapDeathTest, paramErr)
{
    EXPECT _ EXIT ( int _ swap ( NULL, NULL ), testing:: internal::
ExitedUnsuccessfully, "");
}
```

6.7 运行参数

在测试过程中,有时会有一些特殊的需求,例如只运行个别测试用例,或者将测试结果输出到某个特定的文件中等。gtest 提供的运行参数可以解决这些问题。可以使用运行参数对测试用例的执行过程进行控制,在执行测试用例时非常灵活和方便。

gtest 为运行参数提供了 3 种途径,分别是命令行参数、代码指定以及环境变量。各种方式设定的运行参数的优先级为:命令行参数 > 代码指定 > 环境变量。

通过 6.1 节中的描述可以知道,代码"testing::InitGoogleTest(&argc, argv);"的作用就是使用命令行参数初始化 gtest。代码中指定的运行参数应该放在初始化之前,以便让 gtest 在初始化时找到正确的参数。

3 种途径的使用方式如下:
- 环境变量:参数名称转换为全部大写作为变量名,需要设置的值作为变量值(例如:添加环境变量名 GTEST_FILTER,变量值为"*.*")。
- 代码指定:加上前缀 testing::FLAGS_ 后对其赋值(例如:testing::FLAGS_gtest_filter="*.*")。
- 命令行参数:加上前缀"--"后对其赋值(例如:SwapTest --gtest_filter=*.*)。

6.7.1 选择测试用例的参数

使用选择测试用例的运行参数,开发者可以方便地执行部分或全部测试用例,以及排除掉部分测试用例。选择测试用例的运行参数有 3 个:gtest_filter、gtest_also_run_disabled_tests 和 gtest_list_tests。

1. gtest_filter

在运行测试用例时,并不是每次都需要运行所有测试用例,更多的时候是每次只运行指定的几个用例。要满足这样的要求,当然可以把不需要执行的测试用例通过注释屏蔽掉,但这样会导致测试代码很乱。gtest 提供了一个方法可以满足该需求,那就是通过运行参数 gtest_filter 来筛选需要执行的用例。gtest_filter 参数的详细说明见表 6.8。

表 6.8 运行参数 gtest_filter

参数名称	gtest_filter	参数类型	string	默认值	*
参数说明	①用于筛选需要执行的测试用例,通过用例输出名称选择 ②可以使用通配符进行匹配,"*"代表任意个字符,"?"代表单个字符 ③使用";"连接多个匹配条件 ④使用"-"排除测试用例				

续表 6.8

参数名称	gtest_filter	参数类型	string	默认值	*
环境变量示例	变量名:GTEST_FILTER 变量值:*.*				
命令行参数示例	——gtest_filter=SwapTest.*　　　　//执行测试用例集 SwapTest 中所有测试用例 ——gtest_filter=—*CFibTest/0.*　//不执行测试用例集 CFibTest/0 下的测试用例				
代码指定示例	testing::FLAGS_gtest_filter="SwapTest.*:*DeathTest.*" 　　　　　　　　　　//执行用例集 FibTest 中所有用例和所有死亡测试用例				

为了更好地使用 gtest_filter 这个参数,我们来回顾一下测试用例输出名称的规则:

> 普通测试用例:将测试用例集名称和测试用例名称用点号连接起来。例如 IsLeapYearTest.commonYear。
> 使用参数化的测试用例:测试用例输出名称由参数列表名称、测试用例集的名称、测试用例的名称、使用参数的下标 4 部分组成,分别用斜杠、点号、斜杠分隔,例如 testList/CIsLeapYearTest.normalTest/0。
> 使用类型参数化的测试用例:测试用例集的输出名称由测试夹具类名和类型在列表中的序号组成,以斜杠分隔;测试用例输出名称由测试用例集输出名称和测试用例的名称组成,以点号分隔,例如 CFibTest/0.abnormal。

2. gtest_also_run_disabled_tests

在编写测试用例时,可以通过在测试用例集名称或测试用例名称前面添加 DISABLED 前缀表示当前测试用例为无效用例,gtest 默认不会执行无效的测试用例。若需要执行,则可以通过设置 gtest_also_run_disabled_tests 参数来实现。gtest_also_run_disabled_tests 参数的详细说明见表 6.9。

表 6.9　运行参数 gtest_also_run_disabled_tests

参数名称	gtest_also_run_disabled_tests	参数类型	bool	默认值	false
参数说明	①使用该参数设置是否执行无效的测试用例 ②当测试用例集名称或测试用例名称包含 DISABLED 前缀时,代表该测试用例为无效用例				
环境变量示例	变量名:GTEST_ALSO_RUN_DISABLED_TESTS 变量值:1				
命令行参数示例	——gtest_also_run_disabled_tests=1 ——gtest_also_run_disabled_tests=0				

续表 6.9

参数名称	gtest_also_run_disabled_tests	参数类型	bool	默认值	false
代码指定示例	testing::FLAGS_gtest_also_run_disabled_tests = true; testing::FLAGS_gtest_also_run_disabled_tests = false;				

3. gtest_list_tests

如果读者只想查看当前编写了哪些测试用例，并不想执行任何测试用例，可以使用 gtest_list_tests 参数来实现。将参数 gtest_list_tests 设置为 true，那么 gtest 在运行时只会列出所有测试用例的名称，不会执行具体的测试用例。gtest_list_tests 参数的详细说明见表 6.10。

表 6.10　运行参数 gtest_list_tests

参数名称	gtest_list_tests	参数类型	bool	默认值	false
参数说明	①设置为 true 时，只会列出所有测试用例，不会执行测试用例 ②不支持环境变量				
命令行参数示例	--gtest_list_tests=1 --gtest_list_tests=0				
代码指定示例	testing::FLAGS_gtest_list_tests = true; testing::FLAGS_gtest_list_tests = false;				

6.7.2　控制测试用例执行过程的参数

使用控制测试用例执行过程的运行参数可以方便地控制测试重复执行以及随机执行。控制测试用例执行过程的运行参数有 3 个：gtest_repeat、gtest_shuffle、gtest_random_seed。

1. 运行参数 gtest_repeat

在测试过程中，有时需要将选中的测试用例执行多次，可以通过多次启动测试程序或多次调用 RUN_ALL_TESTS() 来实现。gtest 提供了另外一个更方便的方法，那就是 gtest_repeat 参数，通过 gtest_repeat 参数可以轻松指定测试用例执行的次数。gtest_repeat 参数的详细说明见表 6.11。

表 6.11　运行参数 gtest_repeat

参数名称	gtest_repeat	参数类型	int	默认值	1
参数说明	①设置测试用例循环执行的次数 ②设置为 -1 时，表示无限循环				

续表 6.11

参数名称	gtest_repeat	参数类型	int	默认值	1
环境变量示例	变量名：GTEST_REPEAT 变量值：1				
命令行参数示例	－－gtest_repeat＝10 －－gtest_repeat＝－1				
代码指定示例	testing::FLAGS_gtest_repeat ＝ 1； testing::FLAGS_gtest_repeat ＝ 5；				

2. gtest_shuffle

在通常情况下，gtest 执行测试用例的顺序由测试用例代码的编译顺序所决定。gtest 还可以指定测试顺序是随机的，其中随机种子可以使用系统产生的，也可以自定义。测试用例随机执行将使用 gtest_shuffle 参数，详细信息见表 6.12。

表 6.12 运行参数 gtest_shuffle

参数名称	gtest_shuffle	参数类型	bool	默认值	false
参数说明	设置为 true 时，各个测试用例的执行顺序是随机的				
环境变量示例	变量名：GTEST_SHUFFLE 变量值：1				
命令行参数示例	－－gtest_shuffle＝1 －－gtest_shuffle＝0				
代码指定示例	testing::FLAGS_gtest_shuffle＝true testing::FLAGS_gtest_shuffle＝false				

3. gtest_random_seed

前面讲到，可以让 gtest 执行测试用例的顺序是随机的，那么随机种子就可以通过参数 gtest_random_seed 来指定。gtest_random_seed 参数的详细信息见表 6.13。

表 6.13 运行参数 gtest_random_seed

参数名称	gtest_random_seed	参数类型	int	默认值	0
参数说明	①设置 gtest_shuffle 中的随机种子 ②设置为 0 时，gtest 将使用系统时间作为随机种子				
环境变量示例	变量名：GTEST_RANDOM_SEED 变量值：0				
命令行参数示例	－－gtest_random_seed＝0				
代码指定示例	testing::FLAGS_gtest_random_seed ＝ 0；				

6.7.3 控制测试输出信息的参数

在测试过程中,有时需要对 gtest 输出的内容进行改变,这时可以使用控制测试输出信息的运行参数进行控制。控制测试输出信息的参数有 3 个:gtest_color、gtest_print_time 和 gtest_output。

1. gtest_color

gtest 默认使用不同的颜色来输出不同的信息,例如成功的测试用例用绿色表示,失败的测试用例用红色表示。当不需要使用不同的颜色来输出不同的信息时,可以使用运行参数 gtest_color 来控制。参数 gtest_color 的详细信息见表 6.14。

表 6.14 运行参数 gtest_color

参数名称	gtest_color	参数类型	string	默认值	"auto"
参数说明	①设置 gtest 是否以不同的颜色显示不同的信息 ②可以为"auto"、"yes"或"no"				
环境变量 示例	变量名:GTEST_COLOR 变量值:auto				
命令行参数 示例	-- gtest_color=yes				
代码指定示例	testing::FLAGS_gtest_color = "no";				

2. gtest_print_time

gtest 在执行测试用例时,默认会打印每个测试用例的执行时间、每个测试用例集的执行时间,以及所有测试用例执行的总时间。使用参数 gtest_print_time 可以设置是否在执行测试用例时打印时间。参数 gtest_print_time 的详细说明见表 6.15。

表 6.15 运行参数 gtest_print_time

参数名称	gtest_print_time	参数类型	bool	默认值	true
参数说明	设置 gtest 执行时是否打印执行测试用例所用的时间				
环境变量 示例	变量名:GTEST_PRINT_TIME 变量值:1				
命令行参数 示例	-- gtest_print_time=1 -- gtest_print_time=0				
代码指定 示例	testing::FLAGS_gtest_print_time=true; testing::FLAGS_gtest_print_time=false;				

3. gtest_output

在运行测试用例时，gtest 不仅可以在控制台中打印信息，还可以将测试的相关信息打印到一个 xml 文件中，以方便其他程序进行分析。为了实现这一功能，将使用一个参数 gtest_output。参数 gtest_output 的详细说明见表 6.16。

表 6.16　运行参数 gtest_output

参数名称	gtest_output	参数类型	string	默认值	" "
参数说明	①将 gtest 执行的结果输出到一个 xml 文件中 ②设置为"xml:"时，以 xml 文件格式输出到进程的工作目录下 ③设置为"xml:h:\"时，以 xml 文件格式输出到 h 盘的根目录下 ④设置为"xml:h:\123.xml"时，以 xml 文件格式输出到指定的文件下				
环境变量示例	变量名：GTEST_OUTPUT 变量值：xml:				
命令行参数示例	--gtest_output=xml:h:\				
代码指定示例	testing::FLAGS_gtest_output = "xml:h:\123.xml";				

6.7.4　控制异常处理的参数

在测试过程中，程序有时会出现一些异常，那么就需要 gtest 能够处理这些异常，而不至于测试崩溃，这时就可以使用控制异常处理的参数。控制异常处理的运行参数有 3 个：gtest_break_on_failure、gtest_throw_on_failure 和 gtest_catch_exceptions。

1. gtest_break_on_failure

使用参数 gtest_break_on_failure 告诉 gtest 是否在测试用例执行失败时触发一个断点。由于触发的断点位于 gtest 的代码中，所以这一特性基本上不会使用，一旦出现错误，我们希望能够调试产品代码或测试代码，而不是调试 gtest 的代码。参数 gtest_break_on_failure 的详细说明见表 6.17。

表 6.17　运行参数 gtest_break_on_failure

参数名称	gtest_break_on_failure	参数类型	bool	默认值	false
参数说明	测试用例执行失败时，是否触发一个断点				
环境变量示例	变量名：GTEST_BREAK_ON_FAILURE 变量值：0				

续表 6.17

参数名称	gtest_break_on_failure	参数类型	bool	默认值	false
命令行参数 示例	——gtest_break_on_failure=1 ——gtest_break_on_failure=0				
代码指定 示例	testing::FLAGS_gtest_break_on_failure=true; testing::FLAGS_gtest_break_on_failure=false;				

2. gtest_throw_on_failure

使用参数 gtest_throw_on_failure 告诉 gtest 是否在测试用例执行失败时抛出一个异常。在实际测试中，这一特性基本上不会使用。参数 gtest_throw_on_failure 的详细说明见表 6.18。

表 6.18 运行参数 gtest_throw_on_failure

参数名称	gtest_throw_on_failure	参数类型	bool	默认值	false
参数说明	设置为 true 时，当测试用例执行失败时，gtest 将抛出一个异常				
环境变量 示例	变量名：GTEST_THROW_ON_FAILURE 变量值：0				
命令行参数 示例	——gtest_throw_on_failure=1 ——gtest_throw_on_failure=0				
代码指定 示例	testing::FLAGS_gtest_throw_on_failure = true; testing::FLAGS_gtest_throw_on_failure = false;				

3. gtest_catch_exceptions

在测试过程中，经常会遇到产品代码和测试代码抛出异常的情况。若出现这种情况，通常会使测试中断。gtest 提供了一种特性，可以让测试程序不会在抛出异常的时候中断，而是继续执行测试用例。参数 gtest_catch_exceptions 就是 gtest 提供的特性，可以使用参数 gtest_catch_exceptions 告诉 gtest 是否捕获测试代码或产品代码中的异常。参数 gtest_catch_exceptions 的详细说明见表 6.19。

表 6.19 运行参数 gtest_catch_exceptions

参数名称	gtest_catch_exceptions	参数类型	bool	默认值	true
参数说明	是否捕获测试用例或产品代码中抛出的异常信息				
环境变量 示例	变量名：GTEST_CATCH_EXCEPTIONS 变量值：1				

续表 6.19

参数名称	gtest_catch_exceptions	参数类型	bool	默认值	true
命令行参数示例	-- gtest_catch_exceptions=1 -- gtest_catch_exceptions=0				
代码指定示例	testing::FLAGS_gtest_catch_exceptions=true; testing::FLAGS_gtest_catch_exceptions=false;				

6.8 gtest 断言扩展——任意类型数组比较

在 6.3.8 小节中介绍了如何使用 EXPECT_PRED_FORMAT 实现自定义的断言，这个特性用于应付测试工作已经绰绰有余，但实际上还不够完美，因为它只能支持指定的数据类型，而且每次比较时还需要指定比较函数。下面对 6.3.8 小节中的自定义断言进行改进。首先，将程序清单 6.16 中的判断函数改成函数模板，详见程序清单 6.34。

程序清单 6.34　比较两个数组的函数模板

```
1   template < int eqmod, typename T >
2   testing::AssertionResult TestArrayFormat(char * strExp, char * strAct,
3       char * strLen, const T * exp, const T * act, unsigned len)
4   {
5       bool flag = eqmod;
6       for (int i = 0; i < len; i++)
7       {
8           if (exp[i] != act[i])
9           {
10              flag = ! flag;
11              break;
12          }
13      }
14
15      if (flag)return testing::AssertionSuccess();
16
17      testing::Message msg;
18      msg << "\nexcept is " << strExp << ":\n";
19      for (int i = 0; i < len; i++)
20      {
21          msg << exp[i] << " ";
22      }
23      msg << "\nactually is " << strAct << ":\n";
```

```
24          for(int i = 0; i < len; i++)
25          {
26              msg << act[i] << " ";
27          }
28          msg << "\nlength is " << strLen << ": " << len << "\n";
29          return testing::AssertionFailure(msg);
30      }
```

在程序清单 6.34 中,使用函数模板实现了任意类型数组的比较,同时可以支持比较相同时返回成功或比较不同时返回成功。

为了实现无需每次都指定比较函数,可以对 EXPECT_PRED_FORMAT3 做进一步封装,得到如程序清单 6.35 所示的 4 个比较数组的断言。

程序清单 6.35 比较数组的断言

```
1   /* EXPECT 系列断言:两个数组必须相同 */
2   #define EXPECT_ARRAY_EQ(exp, act, len) \
3       EXPECT_PRED_FORMAT3(TestArrayFormat < 1 >, exp, act, len)
3
4   /* EXPECT 系列断言:两个数组必须不同 */
5   #define EXPECT_ARRAY_NE(exp, act, len) \
6       EXPECT_PRED_FORMAT3(TestArrayFormat < 0 >, exp, act, len)
7
8   /* ASSERT 系列断言:两个数组必须相同 */
9   #define ASSERT_ARRAY_EQ(exp, act, len) \
10      ASSERT_PRED_FORMAT3(TestArrayFormat < 1 >, exp, act, len)
11
12  /* ASSERT 系列断言:两个数组必须不同 */
13  #define ASSERT_ARRAY_NE(exp, act, len) \
14      ASSERT_PRED_FORMAT3(TestArrayFormat < 0 >, exp, act, len)
```

在程序清单 6.35 中,分别实现了比较数组相同和不同的 EXPECT 版本和 ASSERT 版本。当后续需要对数组进行比较时,按如下方式使用即可:

```
EXPECT_ARRAY_EQ(expArray, actArray, 5);
```

使用同样的方法还可以扩展许多 gtest 没有的其他断言,读者可以根据需要自行尝试。

第 7 章

仿制对象

本章导读

在测试过程中,被测模块通常需要依赖其他模块。当被测模块依赖的其他模块还没有开发完成或者还不稳定时,就需要使用测试桩来代替。开发一个测试桩的工作量和开发一个实际模块的工作量是相当的。

使用 gmock 可以快速生成测试桩,这样在测试过程中就不需要关心如何生成测试桩,而把主要精力放在测试用例的编写上。本章主要介绍 gmock 的具体用法。

7.1 测试桩

在第 6 章中介绍了如何使用 gtest 来编写测试代码,那么是不是在编写测试代码的过程中就没有任何问题了呢?首先来看看被测试模块在实际产品中的位置,详见图 7.1。

假如直接使用测试用例代替上层模块进行测试,则在测试用例中指定被测模块需要的输入,并检查被测模块的输出是否正确。测试模型详见图 7.2。

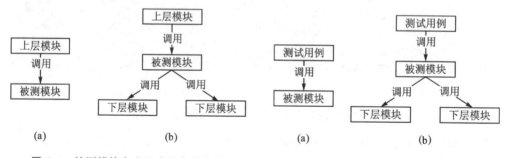

图 7.1 被测模块在实际产品中的位置　　图 7.2 不使用测试桩的测试模型

对于图 7.2(a)中的模型,测试并不会有什么问题。但是对于图 7.2(b)中的模型,由于被测模块依赖于下层模块,所以至少有以下几个问题值得考虑:

➢ 下层模块可能还没有开发出来,必须等下层模块开发出来才能测试;

➢ 下层模块可能还不稳定,发现问题时不容易定位;

➢ 下层模块可能依赖于其他模块,那必须等下层模块依赖的所有模块都开发完成才能测试;

➤ 下层模块可能依赖于具体硬件平台,必须在指定平台上才能测试,测试无法自动化。

即使以上几个问题都没有遇到,还可能会遇到另一个问题——如何比较方便地控制下层模块的行为。在测试过程中,有时需要下层模块返回一些特定的异常数据,而下层模块总是以既定方式运行,并不受控制。因此,需要一种方法能比较方便地控制下层模块的行为。

使用测试桩能够很方便地满足这一需求。可以使用测试桩代替图 7.2(b)中的下层模块,并且在测试桩中加入控制接口,这样就能在测试用例中比较方便地控制测试桩的行为。替换后的模型详见图 7.3。

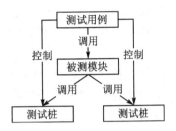

图 7.3 使用测试桩的测试模型

在图 7.3 所示的模型中,除了可以在测试用例中控制测试桩返回给被测模块的数据外,还可以在测试桩中验证被测模块传递给下层模块的参数,这样能够保证测试更全面。

既然可以使用测试桩代替下层模块,接下来要考虑的问题就是如何生成测试桩。在实际操作过程中,有以下 3 种方法可以生成测试桩:

① **返回固定值**:测试桩返回固定的值,该方法实现起来最简单。缺点是无法验证调用参数的正确性,也无法对返回值进行控制。使用该方法无法进行全面测试,在某些场合下测试效果还不如直接用真实的下层模块。

② **模拟真实的下层模块**:测试桩完全模拟下层模块的行为,该种方法实现的测试桩与真实情况最接近,比起上一种方法测试效果大大提升。缺点是测试桩开发难度大,如果要模拟异常情况,则开发难度比实际产品代码要难上数倍。

③ **使用仿制对象**:测试桩只实现下层函数的原型,在实际测试过程中被调用时再验证传入的参数并设置返回值。实际上,要实现在调用时再进行验证并设置返回值的难度与上一种方法相当。幸运的是,目前已有测试框架实现了生成仿制对象并对仿制对象进行控制的方法,这样使用该方法开发测试桩的难度就大大降低了。

通过比较 3 种方法可知,使用仿制对象生成测试桩难度不高,同时能够达到比较好的测试效果,所以在实际测试过程中推荐使用第三种方法。

7.2 仿制对象的概念

7.2.1 什么是仿制对象

在 7.1 节中提到仿制对象,那么仿制对象是什么,仿制对象又能做什么呢?

当被测模块调用下层模块时,其实并不需要关心下层模块具体做了什么,只需要将数据输出到下层模块、再从下层模块获取输入就可以了。

仿制对象并不需要完全模拟下层模块的功能,只需要对被测模块输出到下层模块的数据进行验证,同时模拟下层模块给被测模块提供输入即可。此外,仿制对象还需要提供控制接口以方便开发者在测试用例中对其进行控制。

由此可以得出仿制对象的定义:仿制对象是这样的一种对象,它模拟被测模块依赖的下层模块给被测模块提供数据,检查被测模块传递给下层模块的数据,同时提供测试用例控制的接口并为测试用例返回状态。

由此可以得出仿制对象的 3 大功能:
- 以输出参数和返回值的方式为被测模块提供数据;
- 检查被测模块调用下层模块时传递的参数;
- 提供与测试用例交互的接口。

鉴于仿制对象的这些特性,在测试过程中,可以使用仿制对象代替下层模块,保证与被测模块进行数据交互的同时方便对测试过程进行控制。

仿制对象在测试中的地位详见图 7.4。

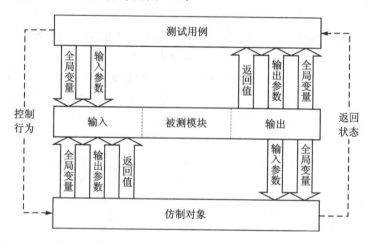

图 7.4 仿制对象在测试中的地位

从图 7.4 中可以看出,仿制对象可以验证被测模块通过输入参数和全局变量输出到下层模块的数据,同时可以通过输出参数、返回值以及全局变量为被测模块提供输入。此外,测试用例还可以比较方便地控制仿制对象如何工作。

7.2.2 gmock 是什么

gmock 是 google 公司开发的另外一个开源的单元测试框架,它与 gtest 配合使用,实现仿制对象的功能。

gmock 实现了以下功能:
- 验证下层模块对应的函数是否被调用,调用使用的参数是否正确,调用的次数

和顺序是否正确;
- 指定下层模块对应的函数在每次被调用时返回给被测模块的数据;
- 指定下层模块被调用时的具体行为。

7.3 gmock 测试环境搭建

7.3.1 gmock 获取

gmock 软件包不需要单独下载,在 5.2 节中下载的 gtest 软件包中已经包含 gmock 的源代码,位于 googlemock 目录下。打开 googletest 文件夹,可以看到里面有多个文件和文件夹,图 7.5 所示为其中部分文件夹。

图 7.5 gmock 目录下的部分内容

include 目录下是相关的头文件,src 目录下是相关的源文件,msvc 目录下是 Visual Studio 的项目文件。

7.3.2 Visual Studio 2013 测试环境搭建

1. 编译 gmock 库文件

与 gtest 一样,可以把 gmock 的源文件编译成静态库,那么在以后编写测试代码时就可以直接使用了。

打开图 7.5 中的 msvc 文件夹,里面有 3 个目录 2005、2010 和 2015,分别对应 Visual Studio 不同版本。进入 2010 目录,里面有 1 个解决方案文件以及多个项目文件,详见图 7.6 所示。

图 7.6 gmock 的 vs 项目

打开 gmock.sln,弹出项目和解决方案升级对话框,直接单击"确定"按钮即可。

打开解决方案,有 3 个项目文件,详见图 7.7,选择"gmock"→"生成",即可生成 gmock 的静态库文件。在 gmock 项目中,默认是生成 Debug 版本的库文件。若要生成 Release 版本的库文件,将应用程序配置切换到 Release,再次执行"生成"操作即可。

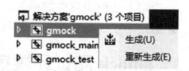

图 7.7 生成库文件

执行"生成"操作后,在 2010 目录下多出两个子目录 Win32 - Debug 和 Win32 - Release,分别存放 Debug 版本和 Release 版本的静态库。

gmock 默认生成的是使用 Visual Studio 静态运行库版本的库文件,如果需要生成使用 Visual Studio 动态运行库版本的库文件,自行修改项目的配置后重新生成即可。

2. 配置 Visual Studio 测试项目

使用 5.3.3 小节介绍的方法创建一个空项目。

在完成项目创建后,需要对项目进行配置。在项目属性页中,选择"C/C++"→"常规",在"附加包含目录"选项中添加 gtest 的 include 目录和 gmock 的 include 目录,详见图 7.8。

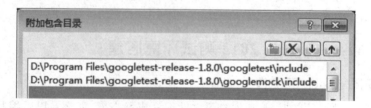

图 7.8 添加包含目录

在项目属性页中,选择"链接器"→"输入",在"附加依赖项"中添加前面生成的 gmock 库文件,详见图 7.9。

在添加"附加包含目录"以及"附加依赖项"目录时,注意需要在 Debug 和 Release 两种配置下分别添加。由于 gmock 库文件默认使用的是 Visual Studio 静态运行库,需要设置项目使用的运行库为静态运行库,详见图 7.10。

3. 添加文件

在完成项目的配置后,就可以添加文件到项目中了。首先新增一个 main.cpp 文件到项目中,并在这个文件中添加 main 函数,详见程序清单 7.1。

图 7.9 添加库文件

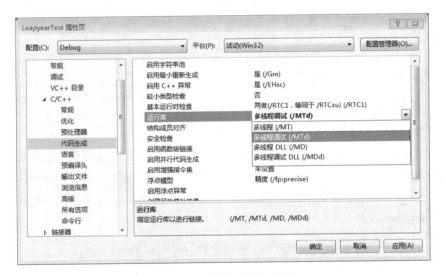

图 7.10 修改运行库类型

程序清单 7.1 gmock 的 main 函数

```
1   #include <gtest/gtest.h>
2   #include <gmock/gmock.h>
3
4   int main(int argc, char ** argv)
5   {
6       testing::InitGoogleMock(&argc, argv);
7       return RUN_ALL_TESTS();
8   }
```

在编写测试代码时,凡用到 gtest 特性的地方都需要包含头文件 gtest/gtest.h,凡用到 gmock 特性的地方都需要包含头文件 gmock/gmock.h。

第 6 行的 testing::InitGoogleMock(&argc,argv) 是使用命令行参数来初始化 gmock,在初始化 gmock 时,也会对 gtest 进行初始化。gmock 也可以接收命令行参数。实际上,gmock 并不处理命令行参数,而是直接将命令行参数传递给 gtest 使用。

第 7 行的 RUN_ALL_TESTS() 告诉 gtest 运行的所有的测试用例。

在添加 main.cpp 后,尝试编译项目并运行,运行结果详见图 7.11。

图 7.11 gmock 运行结果

同样,作者也提供了 gmock 的 Visual Studio 模板,只要安装该模板,就可以直接使用模板创建 gmock 测试项目。下载链接为 https://www.zlg.cn/books/software_unit_testing.zip。

7.3.3 Eclipse 测试环境搭建

1. 配置 Eclipse 项目

使用 5.4.4 小节介绍的方法创建一个空项目。

在完成项目的创建后,需要对项目进行配置。在项目属性页中,选择 C/C++ Build→Settings,在打开的 Tool Settings 选项卡中选择 GCC C++ Compiler→Includes,在 Include paths 列表框中添加 googletest 的目录和 googlemock 的目录以及对应的 include 目录,详见图 7.12。

图 7.12 添加 Include 路径

在 Tool Settings 选项卡中选择 GinGW C++ Linker→Libraries,在 Libraries 列表框中添加 pthread,详见图 7.13。

将 gtest 源文件中的 gtest-all.cc 文件添加到项目中,并将 gmock 源文件中的 gmock-all.cc 文件添加到项目中。在项目的右键菜单中选择 New→File,在弹出的

仿制对象 7

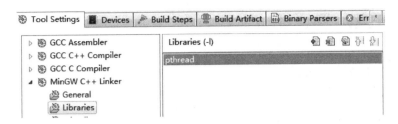

图 7.13　添加 pthread 库

"添加文件"对话框中打开高级选项，选中 Link to file in the file system，找到对应的文件，将其添加到项目中，详见图 7.14。

图 7.14　添加 gmock—all.cc 文件

2. 添加文件

在完成项目配置后，就可以添加文件到项目中了。新增一个 main.cpp 文件到项目中，并在这个文件中添加 main 函数，详见程序清单 7.2。

程序清单 7.2　main 函数

```
1   #include <gtest/gtest.h>
2   #include <gmock/gmock.h>
3
4   int main(int argc, char * * argv)
5   {
6       testing::InitGoogleMock(&argc, argv);
7       return RUN_ALL_TESTS();
8   }
```

在添加 main.cpp 后，尝试编译项目并运行，运行结果如下：

```
[==========] Running 0 tests from 0 test cases.
[==========] 0 tests from 0 test cases ran. (0 ms total)
[  PASSED  ] 0 tests.
```

将产品代码添加到项目中，并为其编写测试用例。同样，作者也提供了 gmock 的 Eclipse 模板，只要导入该模板，就可以直接编写测试代码。

7.4 本章示例说明

为了更好地理解 gmock，下面围绕两个示例讲解：一个是 LED 控制代码，另一个是 Modbus 数据收发代码。

7.4.1 LED 控制代码

本小节示例中的 LED 是通过 GPIO 进行控制，所以在实现上比较简单，直接调用 GPIO 相关代码就可以实现 LED 控制。为了将测试代码与平台进行有效隔离，需要使用测试桩来代替 GPIO 相关代码。

LED 控制代码的类型及函数声明详见程序清单 7.3。

程序清单 7.3　LED 控制代码的类型及函数声明

```
1   typedef struct am_led_info {
2       uint32_t  pin;                    /* LED 占用的 GPIO 引脚 */
3       bool_t    active_low;             /* LED 点亮时引脚是否为低电平 */
4   } am_led_info_t;
5
6   void am_led_init(const am_led_info_t * p_led_info, const uint32_t led_num);
                                                          /* LED 初始化 */
7   void am_led_set(uint8_t led_id, bool_t state);        /* 设置 LED 状态 */
8   void am_led_on(uint8_t led_id);                       /* 点亮 LED */
9   void am_led_off(uint8_t led_id);                      /* 关闭 LED */
10  bool_t am_led_get(uint8_t led_id);                    /* 获取 LED 状态 */
```

其中 LED 控制代码使用的部分 GPIO 控制的函数声明详见程序清单 7.4。

程序清单 7.4　GPIO 控制的部分函数声明

```
1   int am_gpio_pin_cfg(int pin, uint32_t flags);    /* GPIO 初始化 */
2   int am_gpio_get(int pin);                        /* 获取 GPIO 状态 */
3   int am_gpio_set(int pin, int value);             /* 设置 GPIO 状态 */
```

LED 控制的具体实现详见程序清单 7.5。

程序清单 7.5　LED 控制的实现代码

```
1   am_led_info_t * __pg_led_info = NULL;
2   uint32_t        __g_led_num   = 0;
3
4   void am_led_init (const am_led_info_t * p_led_info, const uint32_t led_num)
5   {
6       int i;
7       if (p_led_info != NULL && led_num != 0) {
```

```
8              __pg_led_info = (am_led_info_t *)p_led_info;
9              __g_led_num   = (uint32_t)led_num;
10         }
11         for (i = 0; i < led_num; i++) {
12             if (p_led_info[i].active_low) {
13                 am_gpio_pin_cfg(p_led_info[i].pin, AM_GPIO_OUTPUT_INIT_HIGH);
14             } else {
15                 am_gpio_pin_cfg(p_led_info[i].pin, AM_GPIO_OUTPUT_INIT_LOW);
16             }
17         }
18     }
19
20     void am_led_set (uint8_t led_id, bool_t state)
21     {
22         if (led_id < __g_led_num) {
23             state = (bool_t)(state ^ (__pg_led_info[led_id].active_low));
24             am_gpio_set(__pg_led_info[led_id].pin, (int)state);
25         }
26     }
27
28     void am_led_on (uint8_t led_id)
29     {
30         if (led_id < __g_led_num) {
31             if (__pg_led_info[led_id].active_low == TRUE) {
32                 am_gpio_set(__pg_led_info[led_id].pin, (int)FALSE);
33             } else {
34                 am_gpio_set(__pg_led_info[led_id].pin, (int)TRUE);
35             }
36         }
37     }
38
39     void am_led_off (uint8_t led_id)
40     {
41         if (led_id < __g_led_num) {
42             if (__pg_led_info[led_id].active_low == TRUE) {
43                 am_gpio_set(__pg_led_info[led_id].pin, (int)TRUE);
44             } else {
45                 am_gpio_set(__pg_led_info[led_id].pin, (int)FALSE);
46             }
47         }
48     }
49
```

```
50    bool_t am_led_get (uint8_t led_id)
51    {
52        bool_t state;
53        if (led_id < __g_led_num) {
54            state = (bool_t)__pg_led_info[led_id].active_low;
55            state ^= (bool_t)am_gpio_get(__pg_led_info[led_id].pin);
56            return state;
57        }
58        return FALSE;
59    }
```

7.4.2 Modbus 收发代码

在本小节示例中,通过串口对 ACSII 格式 Modbus 数据帧进行收发,在接收时进行简单的格式验证。由于有现成的串口收发代码,所以可以直接调用。为了将测试代码与平台进行有效隔离,需要使用测试桩来代替串口收发相关的代码。

Modbus 收发代码的相关函数声明详见程序清单 7.6。

程序清单 7.6　Modbus 收发代码的相关函数的声明

```
1   bool ModbusSend(char * cmd, int cmdLen);
2   bool ModbusRead(char * revBuff, int buffLen, int * nbyteRead);
3   bool ModbusQuery(char * cmd, int cmdLen, char * revBuff, int buffLen, int * nbyteRead);
```

其中,收发代码使用的部分串口收发函数声明详见程序清单 7.7。

程序清单 7.7　部分串口收发函数声明

```
1   bool SerialWrite(void * data, int len, int * nbyteWrite)
2   bool SerialRead(void * buff, int buffLen, int * nbyteRead)
```

Modbus 收发的具体实现详见程序清单 7.8。

程序清单 7.8　Modbus 收发的实现代码

```
1   bool ModbusSend(char * cmd, int cmdLen)
2   {
3       int nbyteWrite = 0;
4       return SerialWrite(cmd, cmdLen, &nbyteWrite);
5   }
6
7   bool ModbusRead(char * revBuff, int buffLen, int * nbyteRead)
8   {
9       while (SerialRead(revBuff, buffLen, nbyteRead) && * nbyteRead > 0)
10      {
```

```
11              if (';' == revBuff[0] && '\r' == revBuff[ * nbyteRead - 2] && '\n' ==
                revBuff[ * nbyteRead - 1])
12              {
13                  return true;
14              }
15          }
16
17          return false;
18      }
19
20      bool ModbusQuery(char * cmd, int cmdLen, char * revBuff, int buffLen, int * nbyteRead)
21      {
22          return ModbusSend(cmd, cmdLen) && ModbusRead(revBuff, buffLen, nbyteRead);
23      }
```

7.5 仿制对象创建与使用

7.4 节的两个示例中,有一个共同的特点,就是被测模块都依赖于其他模块。LED 模块依赖于 GIPO 模块,而 modbus 收发模块则依赖于串口收发模块。可以使用测试桩代替被测模块依赖的其他模块,而测试桩可以使用仿制对象自动生成。

7.5.1 生成仿制对象

首先需要定义一个类,并在类中使用宏 MOCK_METHODX 来生成仿制对象的函数。这个宏的原型如下:

MOCK_METHODX(func_name, return_type(arg_list))。

X 代表生成的函数的参数个数,func_name 是函数名称,return_type 是函数的返回值类型,arg_lsit 是函数的参数列表。X 最大为 10,也就是说,可以使用这个宏生成 0~10 个参数的函数。

生成的 GPIO 控制函数的仿制对象类详见程序清单 7.9。

程序清单 7.9 GPIO 控制函数的仿制对象类

```
1   #include <gmock/gmock.h>
2
3   class CGpioMock
4   {
5   public:
6       MOCK_METHOD2(am_gpio_pin_cfg, int(int pin, uint32_t flags));
7       MOCK_METHOD1(am_gpio_get, int(int pin));
8       MOCK_METHOD2(am_gpio_set, int(int pin, int value));
9   };
```

在程序清单7.9中,定义了一个仿制对象类CGpioMock,并在类CGpioMock中生成控制GPIO的3个基本函数(这里只生成测LED代码所需的函数,并没有包含控制GPIO的所有函数)。gmock会自动生成函数体,所以开发者不需要自己编写函数体,这样就可以非常方便地定义仿制对象。可以把仿制对象生成的函数称为仿制函数。

也可以使用同样的方法生成串口收发的仿制对象类,详见程序清单7.10。

程序清单7.10 串口收发的仿制对象类

```
1   class CSerialMock
2   {
3   public:
4       MOCK_METHOD3(SerialWrite, bool(char* data, int len, int* nbyteWrite));
5       MOCK_METHOD3(SerialRead, bool(char* buff, int buffLen, int* nbyteRead));
6   };
```

这里使用char*类型作为仿制对象函数的第一个参数,而不是使用原串口收发函数中的void*类型,具体原因暂时不用关心,在后面会进行说明。

7.5.2 仿制对象实例的创建和销毁

为了使用仿制对象中的函数,需要定义一个仿制对象的实例,然后通过这个实例访问仿制对象类中的函数。值得注意的是,仿制对象实例必须在RUN_ALL_TEST()调用结束之前被销毁,否则gmock会报错,这样一来就不能将仿制对象实例定义为全局变量。

可以定义一个仿制对象的指针,然后在测试夹具中创建和销毁仿制对象实例。在全局测试夹具中创建和销毁仿制对象的过程详见程序清单7.11。

程序清单7.11 在全局测试夹具中创建和销毁仿制对象实例

```
1   #include <gtest/gtest.h>
2   #include <gmock/gmock.h>
3   #include "GpioMock.h"
4   
5   CGpioMock* g_gpioMock = NULL;
6   
7   class GlobalEnvironment : public testing::Environment
8   {
9   public:
10      virtual void SetUp()
11      {
12          g_gpioMock = new CGpioMock();
13      }
```

```
14        virtual void TearDown()
15        {
16            delete g_gpioMock;
17        }
18    };
19
20    int main(int argc, char * * argv)
21    {
22        testing::AddGlobalTestEnvironment(new GlobalEnvironment());
23        testing::InitGoogleMock(&argc, argv);
24        return RUN_ALL_TESTS();
25    }
```

可以使用同样的方法实现串口调用函数的创建和销毁。

7.5.3 在测试桩中调用仿制对象实例

由于被测代码并不知道如何使用仿制对象,所以需要生成测试桩,使用测试桩代替被测代码需要调用的函数,并在测试桩中调用仿制对象实例。用于代替 GPIO 实现的测试桩详见程序清单 7.12。

程序清单 7.12 控制 GPIO 的测试桩

```
1   #include "am_gpio.h"
2   #include "GpioMock.h"
3
4   extern CGpioMock * g_gpioMock;
5
6   int am_gpio_pin_cfg(int pin, uint32_t flags)
7   {
8       return g_gpioMock->am_gpio_pin_cfg(pin, flags);
9   }
10
11  int am_gpio_get(int pin)
12  {
13      return g_gpioMock->am_gpio_get(pin);
14  }
15
16  int am_gpio_set(int pin, int value)
17  {
18      return g_gpioMock->am_gpio_set(pin, value);
19  }
```

程序清单 7.12 的测试桩中,实现了 LED 控制代码中使用的几个 GPIO 控制函数,并在测试桩中调用仿制对象实例。由于使用了仿制对象,所以测试桩只需要调用仿制对象实例中对应的函数即可。

可以使用同样的方法生成串口收发的测试桩,详见程序清单 7.13。

程序清单 7.13　串口收发的测试桩

```
1   #include "SerialMock.h"
2   extern CSerialMock * g_serialMock;
3   
4   bool SerialWrite(void * data, int len, int * nbyteWrite)
5   {
6       return g_serialMock->SerialWrite((char *)data, len, nbyteWrite);
7   }
8   
9   bool SerialRead(void * buff, int buffLen, int * nbyteRead)
10  {
11      return g_serialMock->SerialRead((char *)buff, buffLen, nbyteRead);
12  }
```

7.6　期望调用

开发者若要判断 gtest 中一个变量的值是否符合指定的条件,可以使用断言。开发者若期望 gmock 中一个函数被调用,可以使用期望调用。可以使用宏 EXPECT_CALL 来定义一个期望调用,格式如下:

```
testing::Expectation exp = EXPECT_CALL(mock_object, method(matchers))
                .With(double_argument_matcher)
                .With(double_argument_matcher);
```

- 宏 EXPECT_CALL 的返回值为 testing::Expectation 类型,可以使用一个变量保存;
- mock_object 是期望调用的仿制对象实例的名称;
- method 是期望调用的仿制对象函数的名称;
- matchers 是多个单参数匹配器,每个参数有且仅有一个单参数匹配器,用来指定仿制对象函数被调用时传入的各个参数需要满足的条件;
- With(double_argument_matcher) 用来指定一个双参数匹配器,可以选定两个参数并描述两个参数应满足的关系,可以多次使用以描述多对参数应满足的关系。

如果期望调用 exp 匹配成功,需要同时满足以下几个条件:

- mock_object 的 method 函数被调用;

➢ 各个参数均满足对应的单参数匹配器中指定的条件；
➢ 满足各个双参数匹配器中指定的两个参数应满足的关系。

可以使用以下函数验证预期调用：

```
testing::Mock::VerifyAndClearExpectations(void * mock_obj);
```

其中，mock_obj 是一个指针，指向一个仿制对象实例。该函数的作用是验证已经定义的与指定的仿制对象实例相关的所有期望调用。验证完成后，会清除已经定义的与指定仿制对象相关的所有期望调用。以下任何一种情况出现均会导致验证失败：

➢ 仿制函数被调用，但没有定义期望调用；
➢ 已定义期望调用，但仿制函数没有被调用；
➢ 仿制函数被调用，但与定义的期望调用参数不匹配；
➢ 仿制函数调用的次数与期望的次数不一致；
➢ 仿制函数调用的顺序与期望的顺序不一致。

开发者若要在测试用例中使用期望调用，则需要遵循以下流程：

① 需要定义期望调用。
② 运行测试。在运行测试过程中，若仿制函数被调用，gmock 将尝试与已定义的期望调用进行匹配。
③ 验证并清除期望调用。验证仿制函数实际的调用情况是否与预期的一致，并清除已定义的期望调用以防止对其他用例造成干扰。

测试用例中用期望调用的使用流程详见图 7.15。

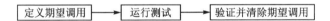

图 7.15 期望调用使用流程

下面为 LED 初始化函数编写一个测试用例以帮助读者理解如何使用期望调用。在 LED 初始化时，需要指定 LED 的个数、每个 LED 占用的 GPIO 引脚，以及每个 LED 灯是高电平亮还是低电平亮。由于初始化 LED 时需要调用 GPIO 的配置接口来配置 GPIO 的方向以及初始电平，因此就需要使用期望调用。

LED 初始化函数的一个测试用例详见程序清单 7.14。

程序清单 7.14 LED 初始化的一个测试用例

```
1    TEST(LedTest, initOk)
2    {
3        am_led_info_tg_led_info[] = { { 5, TRUE }, { 4, TRUE }, { 3, FALSE }, { 2, FALSE
    } };
4        uint32_tg_led_num = sizeof(g_led_info) / sizeof(g_led_info[0]);
5
6        testing::Expectation ec5h = EXPECT_CALL( * g_gpioMock,
```

```
                  am_gpio_pin_cfg(5, AM_GPIO_OUTPUT_INIT_HIGH));
7       testing::Expectation ec4h = EXPECT_CALL( * g_gpioMock,
                  am_gpio_pin_cfg(4, AM_GPIO_OUTPUT_INIT_HIGH));
8       testing::Expectation ec3l  = EXPECT_CALL( * g_gpioMock,
                  am_gpio_pin_cfg(3, AM_GPIO_OUTPUT_INIT_LOW));
9       testing::Expectation ec2l  = EXPECT_CALL( * g_gpioMock,
                  am_gpio_pin_cfg(2, AM_GPIO_OUTPUT_INIT_LOW));
10
11        am_led_init(g_led_info, g_led_num);
12        testing::Mock::VerifyAndClearExpectations(g_gpioMock);
13  }
```

在程序清单 7.14 中,定义了 4 个 LED 灯的相关参数,并调用 am_led_init 对 4 个 LED 灯进行初始化。其中,* g_gpioMock 的 am_gpio_pin_cfg 函数期望被调用 4 次,由于每次调用希望的参数都不同,所以定义 4 个预期调用。在每个测试用例的最后,一定要调用 testing::Mock::VerifyAndClearExpectations(void * mock_obj) 函数来验证使用的所有仿制对象,以免影响其他用例的执行[1]。

7.6.1 单参数匹配器

如前面所述,一次期望调用要匹配成功,各个参数必须满足对应的单参数匹配器中指定的条件,本小节将介绍不同的单参数匹配器。值得注意的是,本小节中提到的所有参数匹配器都位于 testing 命名空间,所以在使用时需要加上 testing:: 前缀,或使用 using namespace testing 声明命名空间。

1. 通配符匹配器

通配符匹配器是最宽松的一种参数匹配器,可以匹配任意参数。**测试过程中,最好不要使用这一类参数匹配器,以保证测试的全面性。** gmock 共定义了 3 个通配符匹配器,详见表 7.1。

表 7.1 通配符匹配器

名称	说明
_	匹配任意类型的任意值
A < type > ()	匹配 type 类型的任意值
An < type > ()	匹配 type 类型的任意值

可以使用通配符改写程序清单 7.14 中的测试用例,详见程序清单 7.15。

---

[1] 使用测试夹具对测试用例进行初始化和清理时,验证期望调用的过程可以写到 TearDown 函数中,这样就可以保证在每个测试用例执行完成后自动进行期望调用的验证。

程序清单 7.15 使用通配符改写的 LED 初始化的测试用例

```
1   TEST(LedTest, initOk)
2   {
3       am_led_info_t g_led_info[] = { { 5, TRUE }, { 4, TRUE }, { 3, FALSE }, { 2, FALSE
    } };
4       uint32_t g_led_num = sizeof(g_led_info) / sizeof(g_led_info[0]);
5
6       Expectation ec = EXPECT_CALL( * g_gpioMock, am_gpio_pin_cfg(_, _))
7                       .Times(4);
8
9       am_led_init(g_led_info, g_led_num);
10      Mock::VerifyAndClearExpectations(g_gpioMock);
11  }
```

在程序清单 7.15 中，使用通配符代替原来的参数匹配器，这样使用一个参数匹配器匹配 4 次即可，而不需要编写 4 个参数匹配器。

注意：这里只是为了演示通配符的使用，在实际测试过程中最好按程序清单 7.14 中的形式编写测试用例，以保证测试的全面性。

2. 数值匹配器

数值匹配器是最常用的一种参数匹配器，凡数值类型的数据都可以使用数值匹配器。gmock 共定义了 8 个数值匹配器，详见表 7.2。

表 7.2 数值匹配器

名 称	说 明
Eq(value)	传入的值必须等于 value
value	与 Eq(value)的效果相同
Ge(value)	传入的值不能小于 value
Gt(value)	传入的值必须大于 value
Le(value)	传入的值不能大于 value
Lt(value)	传入的值必须小于 value
Ne(value)	传入的值不能等于 value
TypedEq < type > (value)	与 Eq 的效果相同，type 必须是仿制函数参数的类型

程序清单 7.14 中就使用了数值匹配器进行参数匹配。

在各个数值匹配器中，要求 value 的类型与仿制函数的参数类型相同，或 value 可以自动转换为与仿制函数参数相同的类型。

3. 浮点数匹配器

由于浮点数本身存在一定的误差，所以在进行浮点数匹配时，允许存在一定的偏差,不需要参数值与匹配器中的数值完全相等。gmock 共定义了 8 个浮点数匹配器,详见表 7.3。

表 7.3 浮点数匹配器

名 称	参数类型	允许误差	同为 NaN* 时
FloatEq(value)	float	float 默认误差	认为不相等
DoubleEq(value)	double	double 默认误差	认为不相等
FloatNear(value, abs_erro)	float	abs_error	认为不相等
DoubleNear(value, abs_error)	double	abs_error	认为不相等
NanSensitiveFloatEq(value)	float	float 默认误差	认为相等
NanSensitiveDoubleEq(value)	double	double 默认误差	认为相等
NanSensitiveFloatNear(value, abs_erro)	float	abs_error	认为相等
NanSensitiveDoubleNear(value, abs_erro)	double	abs_error	认为相等

* NaN 用于表示浮点数运算出错的情况。例如,除 0、负数开平方根等情况下,得到的值都为 NaN。

4. 字符串匹配器

在大多数情况下,开发者使用数值匹配器就可以了。而在某些参数为字符串的场合,开发者还需要匹配字符串的内容,那么这时就可以使用字符串匹配器来实现。gmock 共定义了 9 个字符串匹配器,详见表 7.4。

表 7.4 字符串匹配器

名 称	说 明
StrEq(string)	字符串参数与 string 相同,区分大小写
StrNe(string)	字符串参数与 string 不相同,区分大小写
StrCaseEq(string)	字符串参数与 string 相同,不区分大小写
StrCaseNe(string)	字符串参数与 string 不相同,不区分大小写
StartsWith(prefix)	字符串参数以子串 prefix 开始
EndsWith(suffix)	字符串参数以子串 suffix 结束
HasSubstr(string)	字符串参数中包含子串 string
MatchesRegex(string)	字符串参数与正则表达式 string 相匹配
ContainsRegex(string)	字符串参数包含与正则表达式 string 相匹配的子串

例如,在对 Modbus 发送命令的函数进行测试时,可以使用字符串匹配器进行匹配,详见程序清单 7.16。

程序清单 7.16 Modbus 发送命令测试用例

```
1    TEST(ModbusTest, sendOk)
2    {
3        char cmd[20] = ":010100000008F6\r\n";
```

```
4        int len = strlen(cmd);
5        EXPECT_CALL( * g_serialMock, SerialWrite(StrEq(":010100000008F6\r\n"), len,
         NotNull()));
6        ModbusSend(cmd, len);
7        Mock::VerifyAndClearExpectations(g_serialMock);
8    }
```

5. 指针及引用匹配器

当参数类型为指针或引用类型时,有时会有一些特殊的需求,比如希望指针指向的数据的值满足一定的条件,那么就需要使用指针匹配器。gmock 实现了 5 个匹配器以匹配指针或引用类型,详见表 7.5。

表 7.5 指针及引用匹配器

名 称	说 明
Ref(variable)	针对引用参数,参数必须为 variable 的引用
IsNull()	针对指针参数,参数必须为空指针
NotNull()	针对指针参数,参数不能为空指针
Pointee(m)	参数为指针类型,指针指向的数据的值与匹配器 m 相匹配
WhenDynamicCastTo < T > (m)	将参数的指针类型转换为其子类的子指针后与匹配器 m 相匹配

例如程序清单 7.16 中,使用指针匹配器匹配第三个参数。值得注意的是,不能使用 Eq(NULL)代替 IsNull(),也不能使用 Ne(NULL)代替 NotNull(),因为 gmock 把 NULL 认为是一个整型常量,而整型常量并不能自动转换为指针类型。

6. 复合匹配器

在同一个参数需要使用多个匹配器进行匹配时,可以使用复合匹配器。gmock 定义了 3 个复合匹配器,详见表 7.6。

表 7.6 复合匹配器

名 称	说 明
AllOf(m1, m2, ..., mn)	匹配 m1~mn 所有的匹配器
AnyOf(m1, m2, ..., mn)	匹配 m1~mn 中任意一个匹配器
Not(m)	若参数满足匹配器 m,则匹配失败,否则匹配成功

如果需要匹配一个范围,而 gmock 并没有提供这样的参数匹配器,那么就可以使用以下格式:

```
AllOf(Ge(5), Le(8))
```

以上匹配器可以匹配[5,8]范围内的数字。

7. 自定义参数匹配器

虽然 gmock 定义了不少参数匹配器,可以满足大多数要求,但是在某些特殊场合,可能没有任何一个匹配器满足要求,这时就需要开发者自己实现参数匹配器。gmock 提供了自定义参数匹配器的方法。

ResultOf(f, m)是一个参数匹配器,开发者可以指定一个函数 f,将参数传入 f 中,并将返回值与匹配器 m 进行匹配。

例如在 Modbus 发送函数的测试代码中,如果需要检查参数是否具备 Modbus 的帧头和帧尾,可以按程序清单 7.17 所示的代码来编写测试用例。

程序清单 7.17　自定义参数匹配器示例

```
1    bool MyMatcher(char * arg)
2    {
3        int len = strlen(arg);
4        return (':' == arg[0] && '\r' == arg[len - 2] && '\n' == arg[len - 1]);
5    }
6    TEST(ModbusTest, sendOk)
7    {
8        char cmd[20] = ":010100000008F6\r\n";
9        int len = strlen(cmd);
10       EXPECT_CALL( * g_serialMock, SerialWrite(ResultOf(MyMatcher, true), len, NotNull()));
11       ModbusSend(cmd, len);
12       Mock::VerifyAndClearExpectations(g_serialMock);
13   }
```

注意:这里只是为了演示自定义参数匹配器,在实际测试过程中可以使用字符串匹配器进行匹配。

7.6.2　双参数匹配器

前面提到,期望调用若要匹配成功,除了需要匹配每个参数对应的单参数匹配器外,还需要匹配所有双参数匹配器。多参数匹配器使用以下格式来定义:

```
.With(Args < N1, N2 >(m))
```

N1 和 N2 是参数的序号,从 0 开始,这样就可以指定哪两个参数来匹配。m 是一个双参数匹配器,在 m 中指定两个参数应该满足的关系。gmock 定义的双参数匹配器详见表 7.7。

表 7.7 双参数匹配器

名　称	说　明
Eq()	两个参数的值相等
Ge()	第一个参数的值大于或等于第二个参数的值
Gt()	第一个参数的值大于第二个参数的值
Le()	第一个参数的值小于或等于第二个参数的值
Lt()	第一个参数的值小于第二个参数的值
Ne()	两个参数的值不相等

与单参数匹配器一样，所有的多参数匹配器都位于 testing 命名空间，所以在使用时需要加上 testing:: 前缀，或使用 using namespace testing 声明命名空间。

7.6.3 定义期望调用注意事项

在定义期望调用时需要注意，每次对仿制函数的调用都只能与一个期望调用匹配成功。如果某次对仿制函数的调用匹配了多个期望调用，则只会匹配最后定义的期望调用，不会匹配之前定义的期望调用。这样就会导致某些期望调用不能被匹配，而另外一些期望调用则匹配次数过多。比如，将程序清单 7.15 中的代码改成程序清单 7.18 所示的测试代码就会出现错误。

程序清单 7.18　单次调用匹配多个期望调用

```
1   TEST(LedTest, initOk)
2   {
3       am_led_info_t g_led_info[] = { { 5, TRUE }, { 4, TRUE }, { 3, FALSE }, { 2, FALSE } };
4       uint32_t g_led_num = sizeof(g_led_info) / sizeof(g_led_info[0]);
5
6       Expectation ec5h = EXPECT_CALL( * g_gpioMock, am_gpio_pin_cfg(_, _));
7       Expectation ec4h = EXPECT_CALL( * g_gpioMock, am_gpio_pin_cfg(_, _));
8       Expectation ec3l = EXPECT_CALL( * g_gpioMock, am_gpio_pin_cfg(_, _));
9       Expectation ec2l = EXPECT_CALL( * g_gpioMock, am_gpio_pin_cfg(_, _));
10
11      am_led_init(g_led_info, g_led_num);
12      Mock::VerifyAndClearExpectations(g_gpioMock);
13  }
```

在程序清单 7.18 中，期望每次调用都匹配一个期望调用，然而实际上，只有 ec2l 会被匹配 4 次，而前面 3 个期望调用一次都没有匹配成功，从而导致测试失败。

7.7 匹配次数

在 7.6 节中提到,有至少一个期望调用匹配成功的次数与指定的次数不一致会导致测试失败,本节将介绍如何指定期望调用的匹配次数。

可以使用 .Times(cardinality) 来指定期望调用被匹配成功的次数,其中 cardinality 为指定的次数(若没有指定,默认为 1 次)。cardinality 的可选项详见表 7.8。

表 7.8 指定匹配成功的次数

名 称	说 明
AnyNumber()	匹配任意次数
AtLeast(n)	至少匹配 n 次
AtMost(n)	最多匹配 n 次
Between(m, n)	至少匹配 m 次,最多匹配 n 次
Exactly(n)	匹配 n 次
n	与 Exactly(n) 效果相同

例如在程序清单 7.15 中,使用 .Times(4) 指定期望调用被匹配 4 次。表 7.8 中提供的所有指定匹配次数的方法都位于 testing 命名空间,在使用时需要加上 testing:: 前缀,或使用 using namespace testing 声明命名空间。

7.8 设置饱和后不再匹配

前面提到,如果某次对仿制对象函数的调用匹配了多个期望调用,则该调用只会匹配最后定义的期望调用,不会匹配之前定义的期望调用。gmock 提供了一个方法,在匹配成功次数达到指定的最大次数时,调用不再尝试匹配,那么后续的调用就可以尝试匹配之前定义的期望调用。

可以使用 RetiresOnSaturation() 来指定期望调用匹配成功次数达到指定的最大次数时,不再尝试匹配。

比如,可以将程序清单 7.18 中的代码修改为如程序清单 7.19 所示代码。

程序清单 7.19 设置饱和后不再匹配的测试代码

```
1    TEST(LedTest, initOk)
2    {
3        am_led_info_t g_led_info[] = { { 5, TRUE }, { 4, TRUE }, { 3, FALSE }, { 2, FALSE } };
4        uint32_t g_led_num = sizeof(g_led_info) / sizeof(g_led_info[0]);
5
6        testing::Expectation ec5h = EXPECT_CALL(*g_gpioMock, am_gpio_pin_cfg(_, _))
```

```
7                              .RetiresOnSaturation();
8           testing::Expectation ec4h = EXPECT_CALL( * g_gpioMock, am_gpio_pin_cfg(_, _))
9                              .RetiresOnSaturation();
10          testing::Expectation ec3l = EXPECT_CALL( * g_gpioMock, am_gpio_pin_cfg(_, _))
11                             .RetiresOnSaturation();
12          testing::Expectation ec2l = EXPECT_CALL( * g_gpioMock, am_gpio_pin_cfg(_, _))
13                             .RetiresOnSaturation();
14
15          am_led_init(g_led_info, g_led_num);
16          Mock::VerifyAndClearExpectations(g_gpioMock);
17      }
```

在程序清单 7.19 中，第 1 次调用仿制对象函数 am_gpio_pin_cfg 时，该调用与 ec2l 匹配；第 2 次调用仿制对象函数 am_gpio_pin_cfg 时，由于 ec2l 的匹配成功次数已达到最大次数，第 2 次调用将与 ec3l 匹配；第 3 次调用将与 ec4h 匹配；第 4 次调用将与 ec5h 匹配。这样一来，4 个期望调用都会被匹配，测试就不会失败。

7.9 定义匹配顺序

在 7.6 节中介绍了如何定义一个期望调用；在 7.7 节中介绍了如何指定匹配的次数。在没有指定匹配顺序时，gmock 将优先匹配最后定义的期望调用。本节将介绍如何让 gmock 按照指定的顺序匹配各个期望调用。

例如，在 LED 初始化的测试用例中，假如希望 LED 的实现代码按顺序对各个 LED 进行初始化，那么程序清单 7.14 中 4 个期望调用正确的匹配顺序应为 ec5h→ec4h→ec3l→ec2l。

7.9.1 在某个期望调用之后匹配

可以使用 .After(expectations) 指定一个或多个期望调用 expectations，表示期望当前定义的期望调用在 expectations 指定的期望调用之后匹配。

可以将程序清单 7.14 中的测试用例修改为程序清单 7.20 中的代码以达到 4 个期望调用按顺序执行的目的。

程序清单 7.20 使用 .After() 后的测试用例

```
1       TEST(LedTest, initOk)
2       {
3           am_led_info_t g_led_info[] = { { 5, TRUE }, { 4, TRUE }, { 3, FALSE }, { 2, FALSE } };
4           uint32_t g_led_num = sizeof(g_led_info) / sizeof(g_led_info[0]);
5
6           testing::Expectation ec5h, ec4h, ec3l, ec2l;
```

```
7       ec5h = EXPECT_CALL( * g_gpioMock, am_gpio_pin_cfg(5, AM_GPIO_OUTPUT_INIT_HIGH));
8       ec4h = EXPECT_CALL( * g_gpioMock, am_gpio_pin_cfg(4, AM_GPIO_OUTPUT_INIT_HIGH))
9              .After(ec5h);
10      ec3l = EXPECT_CALL( * g_gpioMock,  am_gpio_pin_cfg(3, AM_GPIO_OUTPUT_INIT_LOW))
11             .After(ec4h);
12      ec2l = EXPECT_CALL( * g_gpioMock,  am_gpio_pin_cfg(2, AM_GPIO_OUTPUT_INIT_LOW))
13             .After(ec3l);
14
15      am_led_init(g_led_info, g_led_num);
16      Mock::VerifyAndClearExpectations(g_gpioMock);
17    }
```

在程序清单 7.20 中,指定了 ec4h 需要在 ec5h 匹配成功后再匹配,ec3l 需要在 ec4h 匹配成功后再匹配,ec2l 需要在 ec3l 匹配成功后再匹配,如此就指定了 4 个期望调用的匹配顺序。指定期望调用的匹配顺序实际上就是指定模块代码对测试桩中函数的调用次序。

值得注意的是,当使用.After()指定优先级时,关联的各个期望调用都会被认为使用了.RetiresOnSaturation()。

7.9.2 指定匹配队列

在 7.9.1 小节中,介绍了如何使用.After()指定期望调用的匹配顺序。本小节将介绍另外一种指定期望调用匹配顺序的方法——指定队列。

可以定义一个或多个匹配队列;然后将期望调用加入队列中,同一个队列中的多个期望调用必须按加入队列中的顺序被执行。

首先需要定义多个 testing::Sequence 类型的队列,然后在定义期望调用时使用.InSequence(sequences)将期望调用加入队列。sequences 可以是一个队列或多个队列,如果是多个队列,则需要用逗号隔开。

程序清单 7.21 所示为指定了各个期望调用的匹配队列的 LED 初始化的测试代码。

程序清单 7.21 使用优先级集合的测试用例

```
1     TEST(LedTest, initOk)
2     {
3         am_led_info_t g_led_info[] = { { 5, TRUE }, { 4, TRUE }, { 3, FALSE }, { 2, FALSE } };
4         uint32_t g_led_num = sizeof(g_led_info) / sizeof(g_led_info[0]);
5
6         testing::Sequence s1;
7
8         EXPECT_CALL( * g_gpioMock,am_gpio_pin_cfg(5,AM_GPIO_OUTPUT_INIT_HIGH))
9              .InSequence(s1);
```

```
10      EXPECT_CALL( * g_gpioMock, am_gpio_pin_cfg(4, AM_GPIO_OUTPUT_INIT_HIGH))
11              .InSequence(s1);
12      EXPECT_CALL( * g_gpioMock, am_gpio_pin_cfg(3, AM_GPIO_OUTPUT_INIT_LOW))
13              .InSequence(s1);
14      EXPECT_CALL( * g_gpioMock, am_gpio_pin_cfg(2, AM_GPIO_OUTPUT_INIT_LOW))
15              .InSequence(s1);
16
17      am_led_init(g_led_info, g_led_num);
18      testing::Mock::VerifyAndClearExpectations(g_gpioMock);
19  }
```

在程序清单 7.21 中,定义了一个队列 s1,然后 4 个期望调用按顺序加入队列 s1 中,4 个期望调用将按加入队列的顺序进行匹配。

值得注意的是,凡加入队列中的期望调用都会被认为使用了.RetiresOnSaturation()。

7.9.3 自动加入队列

在 7.9.2 小节中介绍了定义匹配队列并将期望调用加入队列中的方法,gmock 还提供了自动加入队列的方法。

首先定义一个 testing::InSequence 类型的队列 seq,然后在 seq 作用域内定义的所有期望调用都将自动加入队列 seq 中。例如程序清单 7.22 中,4 个期望调用在定义时都将自动加入队列 seq 中。

程序清单 7.22　期望调用自动加入队列

```
1   TEST(LedTest, initOk)
2   {
3       am_led_info_t g_led_info[] = { { 5, TRUE }, { 4, TRUE }, { 3, FALSE }, { 2, FALSE } };
4       uint32_t g_led_num = sizeof(g_led_info) / sizeof(g_led_info[0]);
5
6       testing::InSequence seq;
7
8       EXPECT_CALL( * g_gpioMock, am_gpio_pin_cfg(5, AM_GPIO_OUTPUT_INIT_HIGH));
9       EXPECT_CALL( * g_gpioMock, am_gpio_pin_cfg(4, AM_GPIO_OUTPUT_INIT_HIGH));
10      EXPECT_CALL( * g_gpioMock, am_gpio_pin_cfg(3, AM_GPIO_OUTPUT_INIT_LOW));
11      EXPECT_CALL( * g_gpioMock, am_gpio_pin_cfg(2, AM_GPIO_OUTPUT_INIT_LOW));
12
13      am_led_init(g_led_info, g_led_num);
14      testing::Mock::VerifyAndClearExpectations(g_gpioMock);
15  }
```

值得注意的是,凡加入队列中的期望调用都会被认为使用了.RetiresOnSaturation()。

7.10 行为

在 7.6~7.9 节中介绍了如何定义一个期望调用以及如何定义匹配规则。在实际测试过程中,当期望调用被匹配成功时,还需要仿制对象实例执行一些动作,例如返回一个值、设置输出参数等等。

可以使用 .WillOnce(action) 以及 .WillRepeatedly(action) 来指定期望调用匹配成功时仿制对象函数的行为。当使用 .WillOnce(action) 时,指定单次匹配成功的行为。如果要指定多次匹配成功的行为,就要多次使用 .WillOnce(action) 来指定;也可以使用 .WillRepeatedly(action) 来指定后续所有匹配成功后的行为。比如,可以指定程序清单 7.15 中 4 次调用 am_gpio_pin_cfg 的不同行为,详见程序清单 7.23。

程序清单 7.23　添加了动作的测试用例

```
1   TEST(LedTest, initOk)
2   {
3       am_led_info_t g_led_info[] = { { 5, TRUE }, { 4, TRUE }, { 3, FALSE }, { 2, FALSE } };
4       uint32_t g_led_num = sizeof(g_led_info) / sizeof(g_led_info[0]);
5
6       EXPECT_CALL( * g_gpioMock, am_gpio_pin_cfg(_, _))
7           .Times(4)
8           .WillOnce(Return(1))
9           .WillOnce(Return(1))
10          .WillRepeatedly(Return(1));
11
12      am_led_init(g_led_info, g_led_num);
13      Mock::VerifyAndClearExpectations(g_gpioMock);
14  }
```

在程序清单 7.23 中,第一个 .WillOnce(Return(1)) 表示第一次匹配成功时返回 1,第二个 .WillOnce(Return(1)) 表示第二次匹配成功时返回 1, .WillRepeatedly(Return(1)) 表示后续匹配成功时均返回 1。

值得注意的是,当使用 .WillRepeatedly(action) 后不可以再使用 .WillOnce(action) 或 .WillRepeatedly(action) 来指定其他行为。

当一个函数被调用时,它可以执行 3 种不同的动作:返回值、设置输出参数的值以及调用其他函数。gmock 提供了定义仿制对象函数的行为的方法,接下来的几个小节将介绍如何定义仿制对象函数需要执行的各种动作。

gmock 实现的所有动作都位于 testing 命名空间,在使用时需要加上 testing:: 前缀,或使用 using namespace testing 声明命名空间。

7.10.1 返回值

一个函数最常见的行为是通过返回值返回一个数据。gmock 实现了定义仿制函数在匹配成功时返回不同值的方法,详见表 7.9。

表 7.9 仿制函数返回值

名 称	说 明
Return()	void 类型函数返回,不返回任何数据
Return(value)	以 value 的值作为返回值
ReturnArg < N >()	直接以第 N 个参数的值作为返回值
ReturnNew < T >(a1,...,ak)	生成一个新的 T 类型的实例,并返回指向这个实例地址的指针
ReturnNull()	返回空指针
ReturnPointee(ptr)	返回指针 ptr 指向的数值
ReturnRef(variable)	返回变量 variable 的一个引用
ReturnRefOfCopy(value)	将 value 的值复制到一个新的临时变量中,并返回这个临时变量的一个引用

例如在程序清单 7.23 中,就使用 Return(value)控制仿制对象函数返回一个数值。

7.10.2 参数操作

函数的另外一种常见行为是对输出参数赋值。gmock 除了实现了对输出参数进行赋值的操作外,还实现了保存输入参数的方法,详见表 7.10。

表 7.10 对传入仿制函数的参数进行操作

名 称	说 明
Assign(&variable, value)	将 value 的值保存到变量 variable 中
DeleteArg < N >()	释放为第 N 个指针参数分配的内存
SaveArg < N >(pointer)	保存第 N 个参数的值到指针 pointer 指向的内存中
SaveArgPointee < N >(pointer)	将第 N 个参数指向的数据值保存到 pointer 指向的内存中,第 N 个参数应为指针类型
SetArgReferee < N >(value)	使用 value 给第 N 个变量赋值,第 N 个变量应为引用类型
SetArgPointee < N >(value)	将 value 存储到第 N 个变量指向的内存中,第 N 个变量应该为指针类型
SetArrayArgument < N >(first, last)	将一段数据存储到第 N 个变量指向的内存中,第 N 个变量应为指针类型或数组类型,first 为起始地址,last 为结束地址
Throw(exception)	抛出一个异常 exception

比如在测试 Modbus 接收数据时，需要串口仿制对象通过输出参数返回读取的数据，就可以使用参数操作来完成，详见程序清单 7.24。

程序清单 7.24　给输出参数赋值

```
1    TEST(ModbusTest, readOk)
2    {
3        char data[20] = ":0101015AA3\r\n";
4        char buff[20] = { 0 };
5        int nByteRead = 0;
6        EXPECT_CALL( * g_serialMock, SerialRead(NotNull(), Ge(20), NotNull()))
7            .WillOnce(SetArrayArgument < 0 >(data, data + strlen(data)));
8        ModbusRead(buff, 20, &nByteRead);
9    }
```

7.10.3　调用函数

在测试过程中，不需要关心依赖的第三方模块调用的其他函数。也就是说，在测试过程中，测试桩只需要通过返回值和输出参数返回数据给被测模块即可，并不需要调用其他函数。在某些特殊情况下，需要仿制对象函数在匹配成功时能够同时执行多个动作，这可以通过调用其他函数来完成。gmock 实现的调用其他函数的方法详见表 7.11。

表 7.11　仿制函数被调用时调用其他函数

名　称	说　明
Invoke(f)	使用传入的各个参数调用另一个函数 f，并使用 f 的返回值返回； 要求 f 原型与正在匹配的仿制对象函数原型相同
Invoke(object_pointer, &class::method)	使用传入的参数调用另外一个对象的成员函数 method，并使用 method 的返回值返回； 要求 method 的原型与正在匹配的仿制对象函数原型相同； object_pointer 为对象的指针，class 为类名，method 为函数名
InvokeWithoutArgs(f)	调用另一个函数 f，并使用 f 的返回值返回； 要求 f 没有参数，返回值类型与正在匹配的仿制对象的返回值类型相同
InvokeWithoutArgs(object_pointer, &class::method)	调用另外一个对象的成员函数 method，并使用 method 的返回值返回； 要求 method 没有参数，返回值类型与正在匹配的仿制对象的返回值类型相同； object_pointer 为对象的指针，class 为类名，method 为函数名

续表 7.11

名　称	说　明
InvokeArgument < N > (arg1, arg2, …, argk)	第 N 个参数为函数指针； 调用第 N 个参数指向的函数，并使用这个函数的返回值返回； 要求第 N 个函数为函数指针，返回值类型与正在匹配的仿制对象函数的返回值类型相同； arg1, arg2,…, argk 为传入函数指针指向的函数的各个参数

* 函数原型相同包括：参数个数相同、每个参数的类型相同、返回值类型相同。

比如在测试 Modbus 接收数据时，需要同时向 buff 中填入数据、填入 nbyteRead 的值并返回一个值，可以用一个函数来完成这 3 个动作，并使用 Invoke(f)调用这个函数，详见程序清单 7.25。

程序清单 7.25　仿制对象调用函数示例

```
1   bool SetParamAndReturn(char * buff, int buffLen, int * nbyteRead)
2   {
3       strcpy(buff, ":0101015AA3\r\n");
4       * nbyteRead = strlen(":0101015AA3\r\n");
5       return true;
6   }
7   TEST(ModbusTest, readOk)
8   {
9       char buff[20] = { 0 };
10      int nByteRead = 0;
11      EXPECT_CALL( * g_serialMock, SerialRead(NotNull(), Ge(20), NotNull()))
12          .WillOnce(Invoke(SetParamAndReturn));
13      ModbusRead(buff, 20, &nByteRead);
14  }
```

当然，也可以将程序清单 7.25 中的 SetParamAndReturn 函数封装到一个类中，使用 Invoke(object_pointer, &class::method)来完成同样的动作，详见程序清单 7.26。

程序清单 7.26　仿制对象调用类成员函数示例

```
1   class MySerial
2   {
3   public:
4       bool SetParamAndReturn(char * buff, int buffLen, int * nbyteRead)
5       {
6           strcpy(buff, ":0101015AA3\r\n");
7           * nbyteRead = strlen(":0101015AA3\r\n");
8           return true;
```

```
9          }
10     };
11     TEST(ModbusTest, readOk)
12     {
13         MySerial a;
14         char buff[20] = { 0 };
15         int nByteRead = 0;
16         EXPECT_CALL(*g_serialMock, SerialRead(NotNull(), Ge(20), NotNull()))
17             .WillOnce(Invoke(&a, &MySerial::SetParamAndReturn));
18         ModbusRead(buff, 20, &nByteRead);
19     }
```

由此可见,在需要仿制对象执行多个动作时,可以通过调用其他函数实现。

7.10.4 自定义动作

在 7.10.3 小节中介绍了通过调用其他函数让仿制对象函数同时完成多个动作的方法。实际上,gmock 还提供了自定义动作的方法来实现这一功能。gmock 实现了 3 种自定义动作的方法,详见表 7.12。

表 7.12 自定义动作

名称	说明
ACTION(name)	定义一个无参数的动作,name 为动作的名称
ACTION_P(name, p1)	定义一个有 1 个参数的动作,name 为动作的名称,p1 为参数
ACTION_Pk(name, p1, p2..., Pk)	定义一个有 k 个参数的动作,name 为动作的名称,p1, p2,…, Pk 为参数列表,k 的值最小为 2,最大为 10

在自定义动作中,可以使用传入仿制对象函数的参数,arg0 代表第一个参数,arg1 代表第二个参数,依此类推。

比如,可以将程序清单 7.25 中的代码修改为使用自定义动作的方法,详见程序清单 7.27。

程序清单 7.27 自定义动作

```
1     ACTION(SetParamAndReturn)
2     {
3         strcpy(arg0, ":0101015AA3\r\n");
4         *arg2 = strlen(":0101015AA3\r\n");
5         return true;
6     }
7     TEST(ModbusTest, readOk)
8     {
9         char buff[20] = { 0 };
```

```
10      int nByteRead = 0;
11      EXPECT_CALL( * g_serialMock, SerialRead(NotNull(), Ge(20), NotNull()))
12          .WillOnce(SetParamAndReturn());
13      ModbusRead(buff, 20, &nByteRead);
14  }
```

在程序清单7.27中,使用自定义动作可以同时做3件事情,缺点是各个输出参数值和返回值都是固定的。如果要实现参数值和返回值可变,可以使用带参数的自定义动作来实现,详见程序清单7.28。

程序清单7.28　带参数的自定义动作

```
1   ACTION_P3(SetParamAndReturn, data, len, returnVal)
2   {
3       memcpy(arg0, data, len);
4       * arg2 = len;
5       return returnVal;
6   }
7   TEST(ModbusTest, readOk)
8   {
9       char buff[20] = { 0 };
10      int nByteRead = 0;
11      EXPECT_CALL( * g_serialMock, SerialRead(NotNull(), Ge(20), NotNull()))
12          .WillOnce(SetParamAndReturn(":0101015AA3\r\n", strlen(":0101015AA3\r\n"), true));
13      ModbusRead(buff, 20, &nByteRead);
14  }
```

在程序清单7.28中,使用带参数的自定义动作将参数和返回值提取出来,这样就可以在测试用例中指定要返回的各种数据。

7.10.5　复合动作

在7.10.4小节中介绍了如何使用自定义动作来同时做多件事情,gmock采用另外一种方法达到了同样的目的,就是使用复合动作。gmock实现的复合动作详见表7.13。

表7.13　复合动作

名称	说明
DoAll(a1, a2, ..., an)	依次执行 a1,a2,…,an 定义的 n 个动作
WithArg < N >(a)	使用第 N 个参数执行动作 a; 动作 a 有 1 个参数,且与仿制对象函数的第 N 个参数的类型相同

续表 7.13

名称	说　明
WithArgs < N1, N2, ..., Nk > (a)	使用选定的 k 个参数执行动作 a； 动作 a 有 k 个参数，且每个参数与仿制函数选定的对应参数的类型相同
WithoutArgs(a)	执行一个没有参数的动作 a
IgnoreResult(a)	在执行动作时，若该动作有返回值，则默认会使用动作返回的数据作为仿制函数的返回值。若不希望使用动作返回的数据作为仿制函数的返回值，则可以使用 IgnoreResult(a) 执行动作（其中 a 为我们希望执行的动作）

可以使用复合动作来代替程序清单 7.28 中的自定义动作，详见程序清单 7.29。

程序清单 7.29　复合动作

```
1     TEST(ModbusTest, readOk)
2     {
3         char data[20] = ":0101015AA3\r\n";
4         int len = strlen(data);
5         char * end = data + len;
6         char buff[20] = { 0 };
7         int nByteRead = 0;
8         EXPECT_CALL( * g_serialMock, SerialRead(NotNull(), Ge(20), NotNull()))
9             .WillOnce(DoAll(SetArrayArgument < 0 > (data, end), SetArgPointee < 2 > (len), Return(true)));
10        ModbusRead(buff, 20, &nByteRead);
11    }
```

7.11　默认行为

在 7.6～7.10 节中介绍了如何定义一个期望调用，以及如何指定期望调用在匹配成功时仿制函数对应的行为。在实际测试过程中，当产品代码还不完善时，并不是所有的期望调用都能够匹配成功，但是我们又希望测试能够继续执行下去，那么就需要指定仿制对象函数的默认行为。在某个仿制对象函数的调用没有匹配任何期望调用时，它就会执行默认行为中定义的动作。

在定义仿制对象时，gmock 为仿制对象的每一个函数都定义了默认行为，即无论何时被调用，都使用默认构造函数构造一个返回值（如果有返回值的话）。可以使用下面的语句重新定义仿制对象的默认行为：

```
ON_CALL(mock_object, method(matchers))
    .With(multi_argument_matcher)
    .WillByDefault(action);
```

默认行为也需要匹配单参数匹配器和多参数匹配器。可以使用.WillByDefault(action)来指定与默认行为匹配成功时仿制对象函数的行为。当期望调用匹配成功时，执行期望调用中指定的动作。

7.12 gmock 错误分析

在使用 gmock 进行测试时，可能出现 6 种类型的错误：
① 仿制函数被调用，但没有定义期望调用；
② 已定义期望调用，但仿制函数没有被调用；
③ 仿制函数被调用，已定义期望调用，但参数不匹配；
④ 仿制函数的调用与期望调用完全匹配，但匹配次数比期望的少；
⑤ 仿制函数的调用与期望调用完全匹配，但匹配次数比期望的多；
⑥ 仿制函数的调用与期望调用完全匹配，但顺序与期望的不符。

为了方便读者学习如何分析在测试过程中出现的各类错误，这里生成一个测试用的仿制对象，这个仿制对象中只有一个函数，详见程序清单 7.30。

程序清单 7.30　测试用仿制对象

```
1  class TestMock
2  {
3  public:
4      MOCK_METHOD1(TestFunc, int(int arg1));
5  };
```

1. 仿制函数被调用，但没有定义期望调用

程序清单 7.31 所示为包含第一类错误的测试代码。

程序清单 7.31　包含第一类错误的测试代码

```
1  TEST(DemoTest, test1)
2  {
3      TestMock mock;
4      mock.TestFunc(1);
5  }
```

在测试用例中，仿制对象的函数 TestFunc 被执行了一次，但没有定义对应的期望调用。运行这个测试用例，gmock 输出的错误信息如下：

```
1  [ RUN      ] DemoTest.test1
2
3  GMOCK WARNING:
4  Uninteresting mock function call - returning default value.
5       Function call: TestFunc(1)
6           Returns: 0
7  NOTE: You can safely ignore the above warning unless this call should not happen. Do
   not suppress it by blindly adding an EXPECT_CALL() if you don't mean to enforce the
   call. See http://code.google.com/p/googlemock/wiki/CookBook#Knowing_When_to_Ex-
   pect for details.
8  [       OK ] DemoTest.test1 (15 ms)
```

gmock并不认为这种情况是一个错误,而是以一个警告的形式进行提示。从输出信息中的第4~6行可以看到,仿制函数TestFunc被调用,传入的参数为1,但是没有为其定义期望调用。

2. 已定义期望调用,但仿制函数没有被调用

程序清单7.32所示为包含第二类错误的测试代码。

程序清单7.32　包含第二类错误的测试代码

```
9   TEST(DemoTest, test1)
10  {
11      TestMock mock;
12      EXPECT_CALL(mock, TestFunc(1)).WillOnce(testing::Return(0));
13  }
```

在测试用例中,期望函数TestFunc被调用一次,实际上没有被调用。运行这个测试用例,gmock输出的错误信息如下:

```
1  [ RUN      ] DemoTest.test1
2  e:\demo\demo\test_code\testdemo.cpp(12): error: Actual function call count doesn't
   match    EXPECT_CALL(mock, TestFunc(1))...
3           Expected: to be called once
4             Actual: never called - unsatisfied and active
5  [  FAILED  ] DemoTest.test1 (1 ms)
```

从输出信息的第2~4行可以看到,第12行定义的期望调用没有被匹配,期望被匹配一次,实际上没有被匹配。

3. 仿制函数被调用,已定义期望调用,但参数不匹配

程序清单7.33所示为包含第三类错误的测试代码。

程序清单7.33　包含第三类错误的测试代码

```
9   TEST(DemoTest, test1)
10  {
```

```
11        TestMock mock;
12        EXPECT_CALL(mock, TestFunc(1)).WillOnce(testing::Return(0));
13        EXPECT_CALL(mock, TestFunc(2)).WillOnce(testing::Return(0));
14        mock.TestFunc(3);
15    }
```

在测试用例中,期望函数 TestFunc 被调用两次,参数的值分别为 1 和 2,而实际上只调用了 1 次,参数的值为 3。运行这个测试用例,gmock 输出的错误信息如下:

```
1   [ RUN      ] DemoTest.test1
2   unknown file: error:
3   Unexpected mock function call - returning default value.
4       Function call: TestFunc(3)
5           Returns: 0
6   Google Mock tried the following 2 expectations, but none matched:
7
8   e:\demo\demo\test_code\testdemo.cpp(12): tried expectation #0: EXPECT_CALL(mock, TestFunc(1))...
9     Expected arg #0: is equal to 1
10          Actual: 3
11    Expected: to be called once
12          Actual: never called - unsatisfied and active
13  e:\demo\demo\test_code\testdemo.cpp(13): tried expectation #1: EXPECT_CALL(mock, TestFunc(2))...
14    Expected arg #0: is equal to 2
15          Actual: 3
16    Expected: to be called once
17          Actual: never called - unsatisfied and active
18  e:\demo\demo\test_code\testdemo.cpp(12): error: Actual function call count doesn't match EXPECT_CALL(mock, TestFunc(1))...
19    Expected: to be called once
20          Actual: never called - unsatisfied and active
21  e:\demo\demo\test_code\testdemo.cpp(13): error: Actual function call count doesn't match EXPECT_CALL(mock, TestFunc(2))...
22    Expected: to be called once
23          Actual: never called - unsatisfied and active
24  [  FAILED  ] DemoTest.test1 (3 ms)
```

这个输出信息比较复杂,可以分以下 4 个部分来分析。

第 2~5 行为第一部分,表示使用参数 3 调用过一次 TestFunc 函数,没有与任何期望调用相匹配。

第 6~17 行为第二部分,表示调用 TestFunc 时试图与 2 个期望调用进行匹配,但是都没有匹配成功。第 8～12 行表示试图与第 12 行定义的期望调用进行匹配,但匹配不成功,期望参数为 1,实际参数为 3;第 13～17 行表示试图与第 13 行定义的期望调用进行匹配,但匹配不成功,期望参数为 2,实际参数为 3。

第 18～20 行为第三部分,表示第 12 行定义的期望调用没有被匹配。

第 21～23 行为第四部分,表示第 13 行定义的期望调用没有被匹配。

4. 仿制函数的调用与期望调用完全匹配,但匹配次数比期望的少

程序清单 7.34 所示为包含第四类错误的测试代码。

程序清单 7.34 包含第四类错误的测试代码

```
9    TEST(DemoTest, test1)
10   {
11       TestMock mock;
12       EXPECT_CALL(mock, TestFunc(1)).Times(2).WillRepeatedly(testing::Return(0));
13       mock.TestFunc(1);
14   }
```

在测试用例中,期望函数 TestFunc 被调用 2 次,而实际上函数只被调用 1 次。运行这个测试用例,gmock 输出的错误信息如下:

```
1   [ RUN      ] DemoTest.test1
2   e:\demo\demo\test_code\testdemo.cpp(12): error: Actual function call count doesn't
    match EXPECT_CALL(mock, TestFunc(1))...
3        Expected: to be called twice
4          Actual: called once - unsatisfied and active
5   [  FAILED  ] DemoTest.test1 (1 ms)
```

这个输出信息比较简洁,表示指定的期望调用期望被匹配成功 2 次,实际上只匹配成功一次。

5. 仿制函数的调用与期望调用完全匹配,但匹配次数比期望的多

程序清单 7.35 所示为包含第五类错误的测试代码。

程序清单 7.35 包含第五类错误的测试代码

```
9    TEST(DemoTest, test1)
10   {
11       TestMock mock;
12       EXPECT_CALL(mock, TestFunc(1)).Times(1);
13       mock.TestFunc(1);
14       mock.TestFunc(1);
15       mock.TestFunc(1);
16   }
```

在测试用例中,期望函数 TestFunc 被调用 1 次,而实际上函数被调用 3 次。运

行这个测试用例,gmock 输出的错误信息如下:

```
1    [ RUN      ] DemoTest.test1
2    e:\demo\demo\test_code\testdemo.cpp(12): error: Mock function called more times than expected -    returning default value.
3         Function call: TestFunc(1)
4           Returns: 0
5         Expected: to be called once
6           Actual: called twice - over-saturated and active
7    e:\demo\demo\test_code\testdemo.cpp(12): error: Mock function called more times than expected - returning default value.
8         Function call: TestFunc(1)
9           Returns: 0
10        Expected: to be called once
11          Actual: called 3 times - over-saturated and active
12   [  FAILED  ] DemoTest.test1 (2 ms)
```

从输出信息中可以看出,匹配次数每超过一次,gmock 就报告一个错误。期望函数被调用 1 次,实际上被调用 3 次,所以 gmock 报告了 2 个错误。

6. 仿制函数的调用与期望调用完全匹配,但顺序与期望的不符

程序清单 7.36 所示为包含第六类错误的测试代码。

程序清单 7.36　包含第六类错误的测试代码

```
9    TEST(DemoTest, test1)
10   {
11       TestMock mock;
12       testing::InSequence seq;
13       EXPECT_CALL(mock, TestFunc(1)).Times(1);
14       EXPECT_CALL(mock, TestFunc(2)).Times(1);
15       mock.TestFunc(2);
16       mock.TestFunc(1);
17   }
```

在这个用例中,定义了两个期望调用,期望第 1 次调用的参数是 1,第 2 次调用的参数是 2,实际上正好相反。运行这个测试用例,gmock 输出的错误信息如下:

```
1    [ RUN      ] DemoTest.test1
2    unknown file: error:
3    Unexpected mock function call - returning default value.
4         Function call: TestFunc(2)
5           Returns: 0
6    Google Mock tried the following 2 expectations, but none matched:
```

```
 7   e:\demo\demo\test_code\testdemo.cpp(13): tried expectation #0: EXPECT_CALL(mock,
     TestFunc(1))...
 8       Expected arg #0: is equal to 1
 9               Actual: 2
10           Expected: to be called once
11             Actual: never called - unsatisfied and active
12   e:\demo\demo\test_code\testdemo.cpp(14): tried expectation #1: EXPECT_CALL
     (mock, TestFunc(2))...
13           Expected: all pre-requisites are satisfied
14             Actual: the following immediate pre-requisites are not satisfied:
15   e:\demo\demo\test_code\testdemo.cpp(13): pre-requisite #0
16               (end of pre-requisites)
17           Expected: to be called once
18             Actual: never called - unsatisfied and active
19   e:\demo\demo\test_code\testdemo.cpp(14): error: Actual function call count
     doesn't match EXPECT_CALL(mock, TestFunc(2))...
20           Expected: to be called once
21             Actual: never called - unsatisfied and active
22   [  FAILED  ] DemoTest.test1 (3 ms)
```

这个输出信息比较复杂,可以分 3 个部分进行分析。

第 2~5 行为第一部分,表示使用参数 2 调用过一次 TestFunc 函数,没有与任何期望调用相匹配。

第 6~18 行为第二部分,表示使用参数值 2 调用 TestFunc 时试图与 2 个期望调用进行匹配,但是都没有匹配成功。第 7~11 行表示试图与第 13 行定义的期望调用进行匹配,但匹配不成功,期望参数为 1,实际上参数为 2;第 12~18 行表示试图与第 14 行定义的期望调用进行匹配,但匹配不成功,原因是第 13 行定义的期望调用应该在第 14 行定义的期望调用之前被调用,而第 13 行定义的期望调用还没有匹配成功。

第 19~21 行为第三部分,表示第 14 行定义的期望调用没有被匹配。

7.13 gmock 行为扩展——内存复制

从 7.10.2 小节中的描述可以知道,使用 SetArrayArgument < N > (first, last) 动作可以将一段内存中的数据复制到仿制对象的数组参数中。但是这个动作有一个缺点,参数类型不能为 void * 类型。在进行接口设计时,常常会使用 void * 类型的参数代表任意类型的数据缓冲区,这时就会给测试带来困难。例如本章的 Modbus 收发示例中,串口收发的接口就是 void * 类型的参数。那么对于这种问题该怎么解决呢?

第一种方法:可以在仿制对象中使用指定类型的参数(如 char * 类型),然后在测试桩调用仿制对象时使用强制类型转换将该参数转换成指定的类型。例如，在程序清单 7.7 的串口收发接口中，参数类型就是 void * 类型；在程序清单 7.10 的仿制对象中，仿制函数的参数为 char * 类型；在程序清单 7.13 的测试桩中，使用强制类型转换将 void * 类型转换成 char * 类型，再调用仿制函数。

第二种方法：在 7.10.4 小节中介绍了使用 ACTION_PN 自定义动作的方法，可以使用自定义动作来解决。例如在程序清单 7.28 中使用自定义动作设置仿制对象输出缓冲区的值。在自定义动作中，由于使用 memcpy 进行内存复制，所以可以直接对 void * 类型的参数进行操作，而不需要在测试桩中进行强制转换。

使用 ACTION_PN 自定义动作同样有一个缺点，就是只能操作指定的参数，而不能像 SetArrayArgument < N >(first, last)那样在使用时灵活地指定参数的序号。这样就不能做到通用，如果想要做到通用，就得想其他方法。

第三种方法：既然 SetArrayArgument < N >(first, last)可以方便地实现指定参数序号，那么是不是可以仿照 SetArrayArgument < N >(first, last)自己定义一个动作呢？答案是可以的。可以查看 SetArrayArgument < N >(first, last)的定义，详见程序清单 7.37。

程序清单 7.37　SetArrayArgument < N >(first, last)的定义

```
1   ACTION_TEMPLATE(SetArrayArgument,
2                   HAS_1_TEMPLATE_PARAMS(int, k),
3                   AND_2_VALUE_PARAMS(first, last)) {
4     // Visual Studio deprecates ::std::copy, so we use our own copy in that case.
5   #ifdef _MSC_VER
6     internal::CopyElements(first, last, ::testing::get < k >(args));
7   #else
8     ::std::copy(first, last, ::testing::get < k >(args));
9   #endif
10  }
```

从程序清单 7.37 中可以看到，可以使用 ACTION_TEMPLATE 定义一个动作。其原型如下：

```
1   ACTION_TEMPLATE(name, template_params, value_params)
2   {
3       /*具体的动作*/
4   }
```

name 为动作的名称，template_params 为模板参数列表，value_params 为值参数列表。也就是说，使用 ACTION_TEMPLATE 定义的动作是模板化的，可以在使用时将参数序号或其他信息使用模板参数传入动作中。

可以使用 HAS_N_TEMPLATE_PARAMS(模板参数列表)生成模板参数，每

一个参数都可以指定类型,参数与参数之间、参数类型与参数之间都需要添加逗号。其中,N为模块参数个数,gmock可以支持1~10个模板参数。

使用AND_N_VALUE_PARAMS(值参数列表)生成值参数列表,每一个值参数都不需要指定类型。其中N为值参数个数,gmock可以支持1~10个值参数。

在动作中可以使用::testing::get < k >(args)获取仿制函数的第k个参数,其中k必须通过模板参数传入。

这样就可以自定义一个复制数据到任意类型的指定参数,详见程序清单7.38。

程序清单7.38 复制数据到任意类型的指针参数

```
1    ACTION_TEMPLATE(SetArgBlock,
2        HAS_1_TEMPLATE_PARAMS(int, k1),
3        AND_2_VALUE_PARAMS(buff, len)) {
4        memcpy(::testing::get < k1 > (args), buff, len);
5    }
```

若需要通过仿制函数的输出参数传出一个数组,就可以使用如下代码:

```
SetArgBlock < k > (buff, len)
```

其中,k为参数的序号,buff为数据的首地址,len为数据的长度。

第 8 章

单元测试实战演练

本章导读

在前面章节中介绍了如何设计测试用例以及如何使用测试框架编写测试代码。在实际项目测试中,在编写测试代码之前,软件开发者需要了解测试对象、设计测试用例、设计测试代码结构。本章将通过一个单链表模块的例子来介绍在实际项目中如何进行单元测试。

8.1 了解测试对象

无论是黑盒测试还是白盒测试,都是从了解测试对象开始的。如果不了解测试对象,那么测试就不能达到预期的效果。在单元测试中,可以通过分析模块的接口和实现代码来了解被测模块。单链表的接口文件详见程序清单 8.1。

程序清单 8.1 单链表的接口文件

```
1    #ifndef __SLIST_H
2    #define __SLIST_H
3
4    #ifdef __cplusplus
5    extern "C" {
6    #endif
7
8    typedef struct _slist_node {
9        struct _slist_node  * p_next;
10   } slist_node_t;
11
12   typedef  slist_node_t  slist_head_t;
13
14   //链表遍历时的回调函数类型,返回值为 0 时继续遍历,为负值时终止遍历
15   typedef int ( * slist_node_process_t)(void * p_arg, slist_node_t * p_node);
16
17   int slist_init (slist_head_t * p_head);
18   int slist_add (slist_head_t * p_head, slist_node_t * p_pos, slist_node_t * p_node);
```

```
19      int slist_add_tail (slist_head_t * p_head, slist_node_t * p_node);
20      int slist_add_head (slist_head_t * p_head, slist_node_t * p_node);
21      int slist_del (slist_head_t * p_head, slist_node_t * p_node);
22
23      slist_node_t * slist_prev_get (slist_head_t * p_head, slist_node_t * p_pos);
24      slist_node_t * slist_next_get (slist_head_t * p_head, slist_node_t * p_pos);
25      slist_node_t * slist_tail_get (slist_head_t * p_head);
26      slist_node_t * slist_begin_get (slist_head_t * p_head);
27      slist_node_t * slist_end_get (slist_head_t * p_head);
28
29      int slist_foreach (slist_head_t        * p_head,
30      slist_node_process_t    pfn_node_process,
31      void                    * p_arg);
32
33      # ifdef __cplusplus
34      }
35      # endif
36
37      # endif
```

首先需要查看 slist 中使用的类型,见程序清单 8.1 第 8~12 行。在 slist 中使用了一个结构体 slist_node_t 以表示一个结点,在结构体 slist_node_t 中只有一个 slist_node_t 结构的指针成员 p_next,用于指向下一个结点。为了将头结点与成员结点区分开,代码中为 slist_node_t 结构体取了一个别名 slist_head_t,用于表示头结点。

slist 提供给上层应用调用的接口如下:

① 5 个用于生成链表的接口,分别是初始化链表、向任意位置插入一个节点、向链尾插入一个结点、向链首插入一个结点、删除一个结点,详见程序清单 8.1 中第 17~21 行。

② 5 个用于获取链表中结点的接口,分别是获取指定结点的前置结点、获取指定结点的后置结点、获取链尾结点、获取链首结点以及获取链表结束位置,详见程序清单 8.1 中第 23~27 行。

③ 1 个用于遍历链表的接口(详见程序清单 8.1 中第 29~32 行),该接口可输入一个回调函数,slist 将调用回调函数分别处理每一个结点。

在了解了被测函数各个接口之后,还需要了解各个接口之间的依赖关系,以方便测试,因此需要对被测模块的实现代码进行分析。单链表的实现代码详见程序清单 8.2。

程序清单 8.2 单链表的实现代码

```
1       # include "stdio.h"
2       # include "slist.h"
3       # include < stddef.h >
```

```
4
5    int slist_init (slist_head_t * p_head)
6    {
7        if (p_head == NULL) {
8            return -1;
9        }
10       p_head->p_next = NULL;
11       return 0;
12   }
13
14   int slist_add_tail (slist_head_t * p_head, slist_node_t * p_node)
15   {
16       slist_node_t * p_tmp = slist_tail_get(p_head);
17       return slist_add(p_head, p_tmp, p_node);
18   }
19
20   int slist_add_head (slist_head_t * p_head, slist_node_t * p_node)
21   {
22       return slist_add(p_head, p_head, p_node);    // 添加结点至头结点之后
23   }
24
25   int slist_add (slist_head_t * p_head, slist_node_t * p_pos, slist_node_t * p_node)
26   {
27       p_node->p_next   = p_pos->p_next;
28       p_pos->p_next    = p_node;
29       return 0;
30   }
31
32   slist_node_t * slist_prev_get (slist_head_t * p_head, slist_node_t * p_pos)
33   {
34       slist_node_t * p_tmp = p_head;
35       while (p_tmp && (p_tmp->p_next != p_pos)) {
36           p_tmp = p_tmp->p_next;
37       }
38       return p_tmp;
39   }
40
41   slist_node_t * slist_next_get (slist_head_t * p_head, slist_node_t * p_pos)
42   {
43       if (p_pos) {
```

```
44              return p_pos->p_next;
45          }
46          return NULL;
47      }
48
49      slist_node_t * slist_tail_get (slist_head_t * p_head)
50      {
51          return  slist_prev_get(p_head, NULL);
52      }
53
54      slist_node_t * slist_begin_get (slist_head_t * p_head)
55      {
56          return  slist_next_get(p_head, p_head);
57      }
58
59      slist_node_t * slist_end_get (slist_head_t * p_head)
60      {
61          return NULL;
62      }
63
64      int slist_del (slist_head_t * p_head, slist_node_t * p_node)
65      {
66          slist_node_t * p_prev = slist_prev_get(p_head, p_node);
67
68          if (p_prev) {
69              p_prev->p_next   = p_node->p_next;
70              p_node->p_next   = NULL;
71              return 0;
72          }
73          return -1;
74      }
75
76      int slist_foreach (slist_head_t         * p_head,
77                         slist_node_process_t   pfn_node_process,
78                         void                 * p_arg)
79      {
80          slist_node_t  * p_tmp, * p_end;
81          int             ret;
82
83          if ((p_head == NULL) || (pfn_node_process == NULL)){
84              return -1;
```

```
85      }
86
87      p_tmp = slist_begin_get(p_head);
88      p_end = slist_end_get(p_head);
89
90      while (p_tmp != p_end){
91          ret = pfn_node_process(p_arg, p_tmp);
92          if (ret < 0){
93              return ret;
94          }
95          p_tmp = slist_next_get(p_head, p_tmp);
96      }
97      return 0;
98  }
```

从程序清单 8.2 中可以分析出各个接口的依赖关系：
- slist_add_tail 接口调用 slist_tail_get 接口获取尾结点，再调用 slist_add 接口将新接口插入尾结点后面；
- slist_tail_get 接口调用 slist_prev_get 接口获取 NULL 结点的前置结点作为尾结点；
- slist_begin_get 接口调用 slist_next_get 接口获取头结点的后置结点作为首结点；
- slist_del 接口调用 slist_prev_get 接口获取待删除结点的前置结点；

slist_foreach 接口调用 slist_begin_get 接口和 slist_end_get 接口获取链表的开始位置和结束位置，调用 slist_next_get 接口获取下一个结点。

8.2 设计测试用例

在了解了测试对象之后，还需要设计测试用例。首先需要为生成链表的接口设计测试用例。生成链表的接口分为 3 类：链表初始化、插入新结点、删除一个结点。

链表初始化的测试比较简单，只需要考虑正常情况以及头指针为空的情况即可。

向链表中插入结点时，对于插入位置可以考虑边界值：链首、链中和链尾。对于原链表中是否有结点可以考虑等价类：原链表中有结点和原链表中没有结点。异常值输入：待插入的结点指针为空、待插入的位置为空。

删除链表中的结点时，对于删除位置可以考虑边界值：链首、链中和链尾，以及删除唯一结点。此外，还可以考虑异常值输入：待删除的结点为空、待删除的结点不在链表中和删除头结点 3 种情况。

由于 slist_add_tail 和 slist_add_head 接口都依赖于 slist_add，所以 slist_add_tail 和 slist_add_head 不需要考虑待插入位置为空的情况，而 slist_add 也不需要考虑向链首和链尾插入的情况。生成链表接口的测试用例详见表 8.1。

表 8.1 生成链表接口的测试用例

编号	接口名称	测试点名称	预期结果
1.1	slist_init	正常初始化	初始化成功,p_next 指针指向 NULL
1.2		头指针为空	初始化失败
1.3	slist_add	向链表中间插入一个结点	插入成功
1.4		插入位置为空	插入失败,不破坏原有链表
1.5		待插入的结点为空	插入失败,不破坏原有链表
1.6	slist_add_tail	原链表中有多个结点	插入成功
1.7		原链表中没有结点	插入成功
1.8	slist_add_head	原链表中有多个结点	插入成功
1.9		原链表中没有结点	插入成功
1.10	slist_del	删除链首结点	删除成功
1.11		删除链尾结点	删除成功
1.12		删除中间结点	删除成功
1.13		删除唯一结点	删除成功
1.14		删除 NULL 结点	删除失败,不破坏原有链表
1.15		删除不在链表中的结点	删除失败,不破坏原有链表
1.16		删除头结点	删除失败,不破坏原有链表

接下来为获取结点的接口设计测试用例。首先,使用边界值:获取首结点的前置结点和后置结点,获取尾结点的前置结点和后置结点,获取中间结点的前置结点和后置结点,获取头结点的前置结点和后置结点;其次,考虑等价类,即链表中有结点和没有结点;再次,考虑异常输入值,如头指针为空、获取空指针的前置结点、获取空指针的后置结点。

由于 slist_tail_get 接口和 slist_begin_get 接口分别调用 slist_prev_get 接口和 slist_next_get 接口来实现,所以获取头结点的后置结点和获取空指针的前置结点并不需要单独考虑。获取结点接口的测试用例详见表 8.2。

表 8.2 获取节点接口的测试用例

编号	接口名称	测试点名称	预期结果
2.1	slist_prev_get	获取首结点的前置结点	返回头结点的地址
2.2		获取尾结点的前置结点	返回倒数第二个结点的地址
2.3		获取中间结点的前置结点	返回前一个结点的地址
2.4		获取头结点的前置结点	返回 NULL
2.5		指定的结点不在链表中	返回 NULL
2.6		头指针为空	返回 NULL

续表8.2

编 号	接口名称	测试点名称	预期结果
2.7	slist_next_get	获取首结点的后置结点	返回第二个结点的指针
2.8		获取尾结点的后置结点	返回NULL
2.9		获取中间结点的后置结点	返回前后一个结点的地址
2.10		指定的结点为空	返回NULL
2.11	slist_tail_get	链表中有多个结点	返回最后一个结点的指针
2.12		链表中没有结点	返回头指针
2.13		头指针为空	返回NULL
2.14	slist_begin_get	链表中有多个结点	返回第一个结点的指针
2.15		链表中没有结点	返回NULL
2.16		头指针为空	返回NULL
2.17	slist_end_get	p_head不为空	返回NULL

接下来为遍历链表接口设计测试用例。首先,考虑等价类,链表中有结点和没有结点两种情况;其次,考虑边界值(回调返回0、1、-1、-2的情况);最后,考虑异常值输入(遍历过程中中止、头指针为空、回调函数地址为空3种情况)。遍历链表接口的测试用例详见表8.3。

表8.3 遍历链表接口的测试用例

编 号	接口名称	测试点名称	预期结果
3.1	slist_foreach	回调返回值包含0、1	调用多次回调函数,返回0
3.2		回调返回-1	不再遍历后续结点,返回-1
3.3		回调返回-2	不再遍历后续结点,返回-2
3.4		链表中没有结点	直接返回0
3.5		p_head为空	返回-1
3.4		回调函数地址为空	返回-1

通过设计测试用例的过程可知,了解各个接口之间的依赖关系是很重要的,有助于开发者使用较少的测试用例进行更有效的测试。

不知道读者在学习本节内容时是否有一些疑问:为什么在表8.1所列插入结点的测试用例中既不用考虑头接点为空的情况,也不用考虑插入位置不在链表中的情况?为什么在slist_next_get接口的测试中既不需要考虑指定结点不在链表中的情况,也不用考虑头指针为空的情况?

这里涉及一个测试的度的问题。在测试过程中,过度测试会导致产品代码的执行效率变得低下。比如,在插入链表或获取后置结点时,如果判断当前位置是否在链表中,所花费的时间会比实现代码正常功能所花费的时间多得多,显然,这样的判断是很不值得的。但是如果测试考虑得太少，又会遗漏很多 bug。在测试过程中应该如何把握呢？

正常逻辑应该完全覆盖到，需求中规定的异常逻辑也应该完全覆盖到。对于其他异常逻辑究竟应该测试到什么程度，并没有一个固定的标准，在测试过程中需要根据项目的实际情况考量。在实施过程中以下两个原则可以作为参考：

- 被测模块的接口函数需要处理空指针；
- 需要处理下层模块返回的所有已定义的异常。

8.3 设计测试代码结构

在完成测试用例设计之后，是不是就可以直接编写测试代码了呢？当然不是！还需要对测试代码进行设计，将各个测试用例中的共同特性提取出来，从一开始就减少重复的代码，而不是等到所有测试代码写完再来重构。

通过分析 8.2 节设计的测试用例可以发现，至少有 3 点值得注意：

- 有多个用例需要在测试开始前生成一个链表；
- 有多个用例需要在测试完成后验证事先生成的用例有没有被破坏；
- 在测试遍历链表的过程中需要监控回调函数被调用的过程。

对于前两点，需要将生成链表和验证链表的过程提取出来供每个用例调用，可以考虑生成测试夹具，并在测试用例初始化时生成链表。由于部分测试用例会对原有链表造成破坏，所以不能在测试用例清理时验证链表，可以在测试夹具中提供一个验证函数，以供需要的测试用例调用。

对于第三点，需要生成测试桩和仿制对象，并在仿制对象中对回调函数的调用过程进行监控。由于有两个测试用例使用仿制对象，可以在测试用例集初始化时创建仿制对象实例，在测试用例初始化时销毁仿制对象实例，在测试用例清理时验证仿制函数的调用过程。

8.4 编写测试代码

首先，需要生成仿制对象和测试桩，对应代码详见程序清单 8.3。

程序清单 8.3　生成仿制对象

```
1    /* 仿制对象,用于监控回调函数调用过程 */
2    class NodeProcessMock
3    {
4    public:
5        MOCK_METHOD2(node_process, int(void * p_arg, slist_node_t * p_node));
6    };
```

```
7    NodeProcessMock * g_mock = NULL;
8
9    /*回调函数*/
10   int node_process(void * p_arg, slist_node_t * p_node)
11   {
12       return g_mock->node_process(p_arg, p_node);
13   }
```

其次，需要生成测试夹具，并测试夹具中进行仿制对象的创建与销毁、链表的生成和验证，对应代码详见程序清单 8.4。

程序清单 8.4　测试夹具

```
1    /*测试夹具*/
2    class CSlistTest : public testing::Test
3    {
4    public:
5        static void SetUpTestCase()
6        {
7            g_mock = new NodeProcessMock();
8        }
9
10       static void TearDownTestCase()
11       {
12           delete g_mock;
13       }
14
15       virtual void SetUp()
16       {
17           m_head.p_next = &m_node1;
18           m_node1.p_next = &m_node2;
19           m_node2.p_next = &m_node3;
20           m_node3.p_next = NULL;
21       }
22
23       virtual void TearDown()
24       {
25           testing::Mock::VerifyAndClearExpectations(g_mock);
26       }
27
28       /*验证原有链表是否有改变*/
29       void VerifyOldList()
30       {
```

```
31              EXPECT_EQ(&m_node1, m_head.p_next);
32              EXPECT_EQ(&m_node2, m_node1.p_next);
33              EXPECT_EQ(&m_node3, m_node2.p_next);
34              EXPECT_EQ(NULL, m_node3.p_next);
35          }
36
37      protected:
38          slist_head_t m_head;
39          slist_node_t m_node1;
40          slist_node_t m_node2;
41          slist_node_t m_node3;
42      };
```

根据表 8.1 中的测试用例编写生成链表接口的测试代码,详见程序清单 8.5。

程序清单 8.5　生成链表接口的测试代码

```
1   /*用例1.1*/
2   TEST_F(CSlistTest, init_ok)
3   {
4       EXPECT_EQ(0, slist_init(&m_head));
5       EXPECT_EQ(NULL, m_head.p_next);
6   }
7
8   /*用例1.2*/
9   TEST_F(CSlistTest, init_fail)
10  {
11      EXPECT_EQ(-1, slist_init(NULL));
12  }
13
14  /*用例1.3*/
15  TEST_F(CSlistTest, add_ok)
16  {
17      slist_node_t node = { &m_head };
18      EXPECT_EQ(0, slist_add(&m_head, &m_node2, &node));
19      EXPECT_EQ(&node, m_node2.p_next);
20      EXPECT_EQ(&m_node3, node.p_next);
21  }
22
23  /*用例1.4*/
24  TEST_F(CSlistTest, add_posIsNull)
25  {
26      slist_node_t node = { &m_head };
27      EXPECT_EQ(-1, slist_add(&m_head, NULL, &m_head));
```

```
28          VerifyOldList();
29      }
30
31      /* 用例 1.5 */
32      TEST_F(CSlistTest, add_nodeIsNull)
33      {
34          EXPECT_EQ(-1, slist_add(&m_head, &m_node2, NULL));
35          VerifyOldList();
36      }
38
38      /* 用例 1.6 */
39      TEST_F(CSlistTest, addTail_exist)
40      {
41          slist_node_t node = { &m_head };
42          EXPECT_EQ(0, slist_add_tail(&m_head, &node));
43          EXPECT_EQ(&node, m_node3.p_next);
44          EXPECT_EQ(NULL, node.p_next);
45      }
46
47      /* 用例 1.7 */
48      TEST_F(CSlistTest, addTail_notExist)
49      {
50          slist_head_t head = { NULL };
51          slist_node_t node = { &m_head };
52          EXPECT_EQ(0, slist_add_tail(&head, &node));
53          EXPECT_EQ(&node, head.p_next);
54          EXPECT_EQ(NULL, node.p_next);
55      }
56
57      /* 用例 1.8 */
58      TEST_F(CSlistTest, addHead_exist)
59      {
60          slist_node_t node = { &m_head };
61          EXPECT_EQ(0, slist_add_head(&m_head, &node));
62          EXPECT_EQ(&node, m_head.p_next);
63          EXPECT_EQ(&m_node1, node.p_next);
64      }
65
66      /* 用例 1.9 */
67      TEST_F(CSlistTest, addHead_notExist)
68      {
69          slist_head_t head = { NULL };
```

```
70        slist_node_t node = { &m_head };
71        EXPECT_EQ(0, slist_add_head(&head, &node));
72        EXPECT_EQ(&node, head.p_next);
73        EXPECT_EQ(NULL, node.p_next);
74    }
75
76    /* 用例 1.10 */
77    TEST_F(CSlistTest, del_first)
78    {
79        EXPECT_EQ(0, slist_del(&m_head, &m_node1));
80        EXPECT_EQ(&m_node2, m_head.p_next);
81    }
82
83    /* 用例 1.11 */
84    TEST_F(CSlistTest, del_last)
85    {
86        EXPECT_EQ(0, slist_del(&m_head, &m_node3));
87        EXPECT_EQ(NULL, m_node2.p_next);
88    }
89
90    /* 用例 1.12 */
91    TEST_F(CSlistTest, del_middle)
92    {
93        EXPECT_EQ(0, slist_del(&m_head, &m_node2));
94        EXPECT_EQ(&m_node3, m_node1.p_next);
95    }
96
97    /* 用例 1.13 */
98    TEST_F(CSlistTest, del_only)
99    {
100       slist_node_t node = { NULL };
101       slist_head_t head = { &node };
102       EXPECT_EQ(0, slist_del(&head, &node));
103       EXPECT_EQ(NULL, head.p_next);
104   }
105
106   /* 用例 1.14 */
107   TEST_F(CSlistTest, del_null)
108   {
109       EXPECT_EQ(-1, slist_del(&m_head, NULL));
110       VerifyOldList();
111   }
```

```
112
113     /*用例1.15*/
114     TEST_F(CSlistTest, del_notInList)
115     {
116         slist_node_t node = { NULL };
117         EXPECT_EQ(-1, slist_del(&m_head, &node));
118         VerifyOldList();
119     }
120
121     /*用例1.16*/
122     TEST_F(CSlistTest, del_head)
123     {
124         EXPECT_EQ(-1, slist_del(&m_head, &m_head));
125         VerifyOldList();
126     }
```

根据表8.2中的测试用例编写获取链表结点接口的测试代码,详见程序清单8.6。

程序清单8.6 获取链表结点接口的测试代码

```
1       /*用例2.1*/
2       TEST_F(CSlistTest, prevGet_first)
3       {
4           EXPECT_EQ(&m_head, slist_prev_get(&m_head, &m_node1));
5       }
6
7       /*用例2.2*/
8       TEST_F(CSlistTest, prevGet_last)
9       {
10          EXPECT_EQ(&m_node2, slist_prev_get(&m_head, &m_node3));
11      }
12
13      /*用例2.3*/
14      TEST_F(CSlistTest, prevGet_middle)
15      {
16          EXPECT_EQ(&m_node1, slist_prev_get(&m_head, &m_node2));
17      }
18
19      /*用例2.4*/
20      TEST_F(CSlistTest, prevGet_head)
21      {
22          EXPECT_EQ(NULL, slist_prev_get(&m_head, &m_head));
23      }
24
```

```
25      /* 用例 2.5 */
26      TEST_F(CSlistTest, prevGet_notInList)
27      {
28          slist_node_t node = { NULL };
29          EXPECT_EQ(NULL, slist_prev_get(&m_head, &node));
30      }
31
32      /* 用例 2.6 */
33      TEST_F(CSlistTest, prevGet_headIsNull)
34      {
35          EXPECT_EQ(NULL, slist_prev_get(NULL, &m_node2));
36      }
37
38      /* 用例 2.7 */
39      TEST_F(CSlistTest, nextGet_first)
40      {
41          EXPECT_EQ(&m_node2, slist_next_get(&m_head, &m_node1));
42      }
43
44      /* 用例 2.8 */
45      TEST_F(CSlistTest, nextGet_last)
46      {
47          EXPECT_EQ(NULL, slist_next_get(&m_head, &m_node3));
48      }
49
50      /* 用例 2.9 */
51      TEST_F(CSlistTest, nextGet_middle)
52      {
53          EXPECT_EQ(&m_node3, slist_next_get(&m_head, &m_node2));
54      }
55
56      /* 用例 2.10 */
57      TEST_F(CSlistTest, nextGet_NULL)
58      {
59          EXPECT_EQ(NULL, slist_next_get(&m_head, NULL));
60      }
61
62      /* 用例 2.11 */
63      TEST_F(CSlistTest, tailGet_exist)
64      {
65          EXPECT_EQ(&m_node3, slist_tail_get(&m_head));
66      }
```

```
67
68      /*用例2.12*/
69      TEST_F(CSlistTest, tailGet_notExist)
70      {
71          slist_head_t head = { NULL };
72          EXPECT_EQ(&head, slist_tail_get(&head));
73      }
74
75      /*用例2.13*/
76      TEST_F(CSlistTest, tailGet_headIsNull)
77      {
78          EXPECT_EQ(NULL, slist_tail_get(NULL));
79      }
80
81      /*用例2.14*/
82      TEST_F(CSlistTest, beginGet_exist)
83      {
84          EXPECT_EQ(&m_node1, slist_begin_get(&m_head));
85      }
86
87      /*用例2.15*/
88      TEST_F(CSlistTest, beginGet_notExist)
89      {
90          slist_head_t head = { NULL };
91          EXPECT_EQ(NULL, slist_begin_get(&head));
92      }
93
94      /*用例2.16*/
95      TEST_F(CSlistTest, beginGet_headIsNull)
96      {
97          EXPECT_EQ(NULL, slist_begin_get(NULL));
98      }
99
100     /*用例2.17*/
101     TEST_F(CSlistTest, endGet_headNotNull)
102     {
103         EXPECT_EQ(NULL, slist_end_get(&m_head));
104     }
```

根据表8.3中的测试用例编写遍历链表接口的测试代码,详见程序清单8.7。

程序清单8.7 遍历链表接口的测试代码

```
1       /*用例3.1*/
2       TEST_F(CSlistTest, foreach_return0or1)
```

```
 3      {
 4          EXPECT_CALL(*g_mock, node_process((void*)0x1000, &m_node1))
 5              .Times(1)
 6              .WillOnce(testing::Return(0));
 7          EXPECT_CALL(*g_mock, node_process((void*)0x1000, &m_node2))
 8              .Times(1)
 9              .WillOnce(testing::Return(1));
10          EXPECT_CALL(*g_mock, node_process((void*)0x1000, &m_node3))
11              .Times(1)
12              .WillOnce(testing::Return(1));
13
14          EXPECT_EQ(0, slist_foreach(&m_head, node_process, (void*)0x1000));
15      }
16
17      /*用例3.2*/
18      TEST_F(CSlistTest, foreach_returnNe1)
19      {
20          EXPECT_CALL(*g_mock, node_process((void*)0x1000, &m_node1))
21              .Times(1)
22              .WillOnce(testing::Return(-1));
23
24          EXPECT_EQ(-1, slist_foreach(&m_head, node_process, (void*)0x1000));
25      }
26
27      /*用例3.3*/
28      TEST_F(CSlistTest, foreach_returnNe2)
29      {
30          EXPECT_CALL(*g_mock, node_process((void*)0x1000, &m_node1))
31              .Times(1)
32              .WillOnce(testing::Return(0));
33          EXPECT_CALL(*g_mock, node_process((void*)0x1000, &m_node2))
34              .Times(1)
35              .WillOnce(testing::Return(-2));
36
37          EXPECT_EQ(-2, slist_foreach(&m_head, node_process, (void*)0x1000));
38      }
39
40      /*用例3.4*/
41      TEST_F(CSlistTest, foreach_notExist)
42      {
43          slist_head_t head = { NULL };
44          EXPECT_EQ(0, slist_foreach(&head, node_process, (void*)0x1000));
```

```
45      }
46
47      /*用例3.5*/
48      TEST_F(CSlistTest, foreach_headIsNull)
49      {
50          EXPECT_EQ(-1, slist_foreach(NULL, node_process, (void*)0x1000));
51      }
52
53      /*用例3.6*/
54      TEST_F(CSlistTest, foreach_processIsNull)
55      {
56          EXPECT_EQ(-1, slist_foreach(&m_head, NULL, (void*)0x1000));
57      }
```

在完成测试代码编写后,就可以运行测试用例了。运行后输出的信息如下:

```
1   [==========] Running 39 tests from 1 test case.
2   [----------] Global test environment set-up.
3   [----------] 39 tests from CSlistTest
4   [ RUN      ] CSlistTest.init_ok
5   [       OK ] CSlistTest.init_ok (0 ms)
6   [ RUN      ] CSlistTest.init_fail
7   [       OK ] CSlistTest.init_fail (0 ms)
8   [ RUN      ] CSlistTest.add_ok
9   [       OK ] CSlistTest.add_ok (0 ms)
10  [ RUN      ] CSlistTest.add_posIsNull
11  unknown file: error: SEH exception with code 0xc0000005 thrown in the test body.
12  [  FAILED  ] CSlistTest.add_posIsNull (0 ms)
13  [ RUN      ] CSlistTest.add_nodeIsNull
14  unknown file: error: SEH exception with code 0xc0000005 thrown in the test body.
15  [  FAILED  ] CSlistTest.add_nodeIsNull (0 ms)
16  [ RUN      ] CSlistTest.addTail_exist
17  [       OK ] CSlistTest.addTail_exist (0 ms)
18  [ RUN      ] CSlistTest.addTail_notExist
19  [       OK ] CSlistTest.addTail_notExist (0 ms)
20  [ RUN      ] CSlistTest.addHead_exist
21  [       OK ] CSlistTest.addHead_exist (0 ms)
22  [ RUN      ] CSlistTest.addHead_notExist
23  [       OK ] CSlistTest.addHead_notExist (0 ms)
24  [ RUN      ] CSlistTest.del_first
25  [       OK ] CSlistTest.del_first (0 ms)
26  [ RUN      ] CSlistTest.del_last
27  [       OK ] CSlistTest.del_last (0 ms)
```

```
28  [ RUN      ] CSlistTest.del_middle
29  [       OK ] CSlistTest.del_middle (0 ms)
30  [ RUN      ] CSlistTest.del_only
31  [       OK ] CSlistTest.del_only (0 ms)
32  [ RUN      ] CSlistTest.del_null
33  unknown file: error: SEH exception with code 0xc0000005 thrown in the test body.
34  [   FAILED ] CSlistTest.del_null (0 ms)
35  [ RUN      ] CSlistTest.del_notInList
36  [       OK ] CSlistTest.del_notInList (0 ms)
37  [ RUN      ] CSlistTest.del_head
38  [       OK ] CSlistTest.del_head (0 ms)
39  [ RUN      ] CSlistTest.prevGet_first
40  [       OK ] CSlistTest.prevGet_first (0 ms)
41  [ RUN      ] CSlistTest.prevGet_last
42  [       OK ] CSlistTest.prevGet_last (0 ms)
43  [ RUN      ] CSlistTest.prevGet_middle
44  [       OK ] CSlistTest.prevGet_middle (0 ms)
45  [ RUN      ] CSlistTest.prevGet_head
46  [       OK ] CSlistTest.prevGet_head (0 ms)
47  [ RUN      ] CSlistTest.prevGet_notInList
48  [       OK ] CSlistTest.prevGet_notInList (0 ms)
49  [ RUN      ] CSlistTest.prevGet_headIsNull
50  [       OK ] CSlistTest.prevGet_headIsNull (0 ms)
51  [ RUN      ] CSlistTest.nextGet_first
52  [       OK ] CSlistTest.nextGet_first (0 ms)
53  [ RUN      ] CSlistTest.nextGet_last
54  [       OK ] CSlistTest.nextGet_last (0 ms)
55  [ RUN      ] CSlistTest.nextGet_middle
56  [       OK ] CSlistTest.nextGet_middle (0 ms)
57  [ RUN      ] CSlistTest.nextGet_NULL
58  [       OK ] CSlistTest.nextGet_NULL (0 ms)
59  [ RUN      ] CSlistTest.tailGet_exist
60  [       OK ] CSlistTest.tailGet_exist (0 ms)
61  [ RUN      ] CSlistTest.tailGet_notExist
62  [       OK ] CSlistTest.tailGet_notExist (0 ms)
63  [ RUN      ] CSlistTest.tailGet_headIsNull
64  [       OK ] CSlistTest.tailGet_headIsNull (0 ms)
65  [ RUN      ] CSlistTest.beginGet_exist
66  [       OK ] CSlistTest.beginGet_exist (0 ms)
67  [ RUN      ] CSlistTest.beginGet_notExist
68  [       OK ] CSlistTest.beginGet_notExist (0 ms)
69  [ RUN      ] CSlistTest.beginGet_headIsNull
```

```
70  [       OK ] CSlistTest.beginGet_headIsNull (0 ms)
71  [ RUN      ] CSlistTest.endGet_headNotNull
72  [       OK ] CSlistTest.endGet_headNotNull (0 ms)
73  [ RUN      ] CSlistTest.foreach_return0or1
74  [       OK ] CSlistTest.foreach_return0or1 (1 ms)
75  [ RUN      ] CSlistTest.foreach_returnNe1
76  [       OK ] CSlistTest.foreach_returnNe1 (0 ms)
77  [ RUN      ] CSlistTest.foreach_returnNe2
78  [       OK ] CSlistTest.foreach_returnNe2 (0 ms)
79  [ RUN      ] CSlistTest.foreach_notExist
80  [       OK ] CSlistTest.foreach_notExist (0 ms)
81  [ RUN      ] CSlistTest.foreach_headIsNull
82  [       OK ] CSlistTest.foreach_headIsNull (0 ms)
83  [ RUN      ] CSlistTest.foreach_processIsNull
84  [       OK ] CSlistTest.foreach_processIsNull (0 ms)
85  [----------] 39 tests from CSlistTest (82 ms total)
86
87  [----------] Global test environment tear-down
88  [==========] 39 tests from 1 test case ran. (87 ms total)
89  [  PASSED  ] 36 tests.
90  [  FAILED  ] 3 tests, listed below:
91  [  FAILED  ] CSlistTest.add_posIsNull
92  [  FAILED  ] CSlistTest.add_nodeIsNull
93  [  FAILED  ] CSlistTest.del_null
94
95   3 FAILED TESTS
```

从输出信息中可以看到,插入结点时,若插入位置为空或待插入结点为空,测试用例执行失败;删除空结点时,测试用例执行失败。通过查看单链表模块的实现代码可知,slist_add 和 slist_del 函数中,没有对空指针进行处理,所以执行失败,只需要在代码中增加空指针的处理即可。

第 9 章

轻量级测试框架-Unity

本章导读

在大多数情况下,使用 gtest 和 gmock 都能够满足测试需求。在嵌入式测试中,有时需要将测试代码下载到硬件中运行以验证软硬件实际配合的情况。由于嵌入式产品的资源有限而无法支持 gtest 的运行,因此需要另外一个测试框架来代替 gtest。

Unity 是一个轻量级的测试框架,它使用 C 语言实现,代码本身很小,不到 200 KB。由于 Unity 的代码中大多数是宏定义,所以实际编译后的代码会更小,比较适合在嵌入式测试中应用。本章将介绍 Unity 的用法。

9.1 Unity 配置

登录 http://www.github.com/ThrowTheSwitch/Unity/releases,下载最新版的 Unity 源码,详见图 9.1。

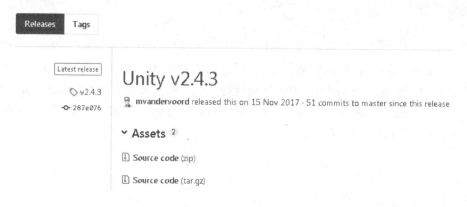

图 9.1 Unity 下载

将下载的压缩包解压,里面有几个目录,其中,src 目录是在测试过程中需要使用的源代码,详见图 9.2。

src 目录中有 3 个文件,unity.c、unity.h、unity_internals.h,详见图 9.3。

在配置工程时,需要将 src 目录添加到包含目录中,并将 unity.c 添加到工程中,然后即可使用 Unity 编写测试代码。

轻量级测试框架-Unity 9

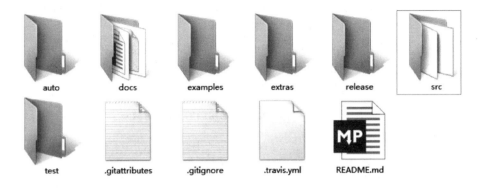

图 9.2　Unity 目录结构

图 9.3　Unity 文件列表

9.2　编写测试用例

在 Unity 中,每个测试用例都是一个函数,该函数没有参数和返回值。使用 Unity 为前面的闰年判断函数的测试用例详见程序清单 9.1。

程序清单 9.1　闰年判断函数的测试用例

```
1   # include "..\..\product_code\leapyear.h"
2   # include "unity.h"
3
4   void leapYear()
5   {
6       TEST_ASSERT_TRUE(IsLeapYear(2000));
7       TEST_ASSERT_TRUE(IsLeapYear(1996));
8   }
9
10  void commonYear()
11  {
12      TEST_ASSERT_FALSE(IsLeapYear(1999));
13      TEST_ASSERT_FALSE(IsLeapYear(2100));
14  }
```

TEST_ASSERT_TRUE 和 TEST_ASSERT_FALSE 是 Unity 实现的两个断言,用于判断布尔型表达式的值为"真"或为"假"。

在编写测试用例后,就可以在 main 函数中运行测试用例。在 Unity 中,使用宏 RUN_TEST 运行测试用例,参数为运行的测试用例的函数名称。运行程序清单 9.1 中测试用例的 main 函数详见程序清单 9.2。

程序清单 9.2   运行测试用例的 main 函数

```
1    int main(int argc, char * argv[])
2    {
3        RUN_TEST(leapYear);
4        RUN_TEST(commonYear);
5        return 0;
6    }
```

从程序清单 9.2 中可以看到,需要多次使用宏 RUN_TEST 执行各个测试用例。

Unity 默认需要实现测试用例初始化函数 setUp 和测试用例清理函数 tearDown,这两个函数均没有参数和返回值。在闰年判断函数的测试用例中,不需要初始化和清理操作,实现的两个函数详见程序清单 9.3。

程序清单 9.3   闰年判断函数测试用例初始化和清理

```
1    void setUp(void)
2    {
3    }
4
5    void tearDown(void)
6    {
7    }
```

宏 RUN_TEST 在运行测试用例对应的函数之前,会运行函数 setUp 进行初始化操作;在运行测试用例之后,会运行函数 tearDown 进行清理操作。

9.3 断　言

与 gtest 一样,Unity 也实现了很多断言以对不同的值进行比较。在 Unity 中,断言在判断失败时会直接退出当前测试用例。

9.3.1 布尔类型比较

布尔型断言用于对布尔型的变量及表达式进行判断,布尔类型的断言详见表 9.1。

表 9.1 布尔类型断言

断言	说明
TEST_ASSERT(condition)	condition 必须为"真"
TEST_ASSERT_TRUE(condition)	condition 必须为"真"
TEST_ASSERT_UNLESS(condition)	condition 必须为"假"
TEST_ASSERT_FALSE(condition)	condition 必须为"假"

9.3.2 指针比较

在 Unity 中,指针比较可以判断空指针、非空指针以及指针是否为指定的值。指针比较的断言详见表 9.2。

表 9.2 指针比较的断言

断言	说明
TEST_ASSERT_NULL(pointer)	pointer 必须为空指针
TEST_ASSERT_NOT_NULL(pointer)	pointer 必须为非空指针
TEST_ASSERT_EQUAL_PTR(expected, actual)	指针 actual 必须与 expected 相等
TEST_ASSERT_EQUAL_PTR_ARRAY(expected, actual, num_elements)	expected 和 actual 都是有 num_elements 个元素的指针数组,要求每个对应的元素相等
TEST_ASSERT_EACH_EQUAL_PTR(expected, actual, num_elements)	expected 是指针,actual 是有 num_elements 个元素的指针数组,要求 actual 中的每个元素都与 expected 相等

9.3.3 整数比较

Unity 实现的整数的断言比较齐全,可以支持针对不同位数的整数进行判断。整数比较的断言可以判断一个整数是否与预期值相等,或是否在某一个范围内等。

1. 整数必须等于指定值

如表 9.3 所列的各个断言中,要求 actual 必须与 expected 相等。

表 9.3 整数必须等于指定值

断言	说明
TEST_ASSERT_EQUAL_INT(expected, actual) TEST_ASSERT_EQUAL(expected, actual)	两个数均为 int 类型
TEST_ASSERT_EQUAL_INTn(expected, actual)	两个数均为 n 位有符号整数
TEST_ASSERT_EQUAL_UINT(expected, actual) TEST_ASSERT_EQUAL_HEX(expected, actual)	两个数均为 uint 类型

续表 9.3

断言	说明
TEST_ASSERT_EQUAL_UINTn(expected, actual) TEST_ASSERT_EQUAL_HEXn(expected, actual)	两个数均为 n 位无符号整数

2. 整数不能等于指定值

如表 9.4 所列的各个断言中，要求 actual 不能与 expected 相等。

表 9.4 整数不能等于指定值

断言	说明
TEST_ASSERT_NOT_EQUAL(expected, actual)	两个数均为整数，不限位数

3. 对位进行判断

在 Unity 中，除了可以对某个整数进行判断外，还可以对一个无符号整数指定的位进行判断。判断整数指定的位的断言详见表 9.5。

表 9.5 对位进行判断的断言

断言	说明
TEST_ASSERT_BITS(mask, expected, actual)	mask&actual 必须与 mask&expected 相等
TEST_ASSERT_BITS_HIGH(mask, actual)	mask&actual 必须与 mask 相等
TEST_ASSERT_BITS_LOW(mask, actual)	mask&actual 必须为 0
TEST_ASSERT_BIT_HIGH(bit, actual)	actual 的第 bit 位必须为 1
TEST_ASSERT_BIT_LOW(bit, actual)	actual 的第 bit 位必须为 0

4. 整数必须大于指定值

如表 9.6 所列的各个断言中，要求 actual 必须大于指定的阈值 threshold。

表 9.6 整数必须大于指定值

断言	说明
TEST_ASSERT_GREATER_THAN(threshold, actual) TEST_ASSERT_GREATER_THAN_INT(threshold, actual)	两个数均为 int 类型
TEST_ASSERT_GREATER_THAN_INTn(threshold, actual)	两个数均为 n 位有符号整数
TEST_ASSERT_GREATER_THAN_UINT(threshold, actual) TEST_ASSERT_GREATER_THAN_HEX(threshold, actual)	两个数均为 uint 类型
TEST_ASSERT_GREATER_THAN_UINTn(threshold, actual) TEST_ASSERT_GREATER_THAN_HEXn(threshold, actual)	两个数均为 n 位无符号整数

5. 整数必须小于指定值

如表 9.7 所列的各个断言中，要求 actual 必须小于指定的阈值 threshold。

表 9.7　整数必须小于指定值

断　言	说　明
TEST_ASSERT_LESS_THAN(threshold, actual) TEST_ASSERT_LESS_THAN_INT(threshold, actual)	两个数均为 int 类型
TEST_ASSERT_LESS_THAN_INTn(threshold, actual)	两个数均为 n 位有符号整数
TEST_ASSERT_LESS_THAN_UINT(threshold, actual) TEST_ASSERT_LESS_THAN_HEX(threshold, actual)	两个数均为 uint 类型
TEST_ASSERT_LESS_THAN_UINTn(threshold, actual) TEST_ASSERT_LESS_THAN_HEXn(threshold, actual)	两个数均为 n 位无符号整数

6. 整数不能小于指定值

如表 9.8 所列的各个断言中，要求 actual 不能小于指定的阈值 threshold。

表 9.8　整数不能小于指定值

断　言	说　明
TEST_ASSERT_GREATER_OR_EQUAL(threshold, actual) TEST_ASSERT_GREATER_OR_EQUAL_INT(threshold, actual)	两个数均为 int 类型
TEST_ASSERT_GREATER_OR_EQUAL_INTn(threshold, actual)	两个数均为 n 位有符号整数
TEST_ASSERT_GREATER_OR_EQUAL_UINT(threshold, actual) TEST_ASSERT_GREATER_OR_EQUAL_HEX(threshold, actual)	两个数均为 uint 类型
TEST_ASSERT_GREATER_OR_EQUAL_UINTn(threshold, actual) TEST_ASSERT_GREATER_OR_EQUAL_HEXn(threshold, actual)	两个数均为 n 位无符号整数

7. 整数不能大于指定值

如表 9.9 所列的各个断言中，要求 actual 不能大于指定的阈值 threshold。

表 9.9　整数不能大于指定值

断　言	说　明
TEST_ASSERT_LESS_OR_EQUAL(threshold, actual) TEST_ASSERT_LESS_OR_EQUAL_INT(threshold, actual)	两个数均为 int 类型
TEST_ASSERT_LESS_OR_EQUAL_INTn(threshold, actual)	两个数均为 n 位有符号整数
TEST_ASSERT_LESS_OR_EQUAL_UINT(threshold, actual) TEST_ASSERT_LESS_OR_EQUAL_HEX(threshold, actual)	两个数均为 uint 类型

续表 9.9

断　言	说　明
TEST_ASSERT_LESS_OR_EQUAL_UINTn(threshold, actual) TEST_ASSERT_LESS_OR_EQUAL_HEXn(threshold, actual)	两个数均为 n 位无符号整数

8. 整数必须接近指定值

如表 9.10 所列的各个断言中，要求 actual 和 expected 相比，误差不能大于 delta。

表 9.10　整数必须接近指定值

断　言	说　明
TEST_ASSERT_INT_WITHIN(delta, expected, actual)	3 个数均为 int 类型
TEST_ASSERT_INTn_WITHIN(delta, expected, actual)	3 个数均为 n 位有符号整数
TEST_ASSERT_UINT_WITHIN(delta, expected, actual) TEST_ASSERT_HEX_WITHIN(delta, expected, actual)	3 个数均为 uint 类型
TEST_ASSERT_UINTn_WITHIN(delta, expected, actual) TEST_ASSERT_HEXn_WITHIN(delta, expected, actual)	3 个数均为 n 位无符号整数

9. 两个数组必须相等

除了实现了单个整数比较的断言外，Unity 还实现了整型数组比较的断言。在数组比较的断言中，expected 和 actual 都是具有 num_elements 个元素的数组，要求两个数组每个对应的元素都相等。如表 9.11 所列的各个断言中，要求数组 actual 中的各个元素必须与数组数组 expected 中各个对应的元素相等，其中两个数组的元素个数都为 num_elements。

表 9.11　两个数组必须相等

断　言	说　明
TEST_ASSERT_EQUAL_INT_ARRAY(expected, actual, num_elements)	数组类型为 int
TEST_ASSERT_EQUAL_INTn_ARRAY(expected, actual, num_elements)	数组类型为 n 位有符号整数
TEST_ASSERT_EQUAL_UINT_ARRAY(expected, actual, num_elements) TEST_ASSERT_EQUAL_HEX_ARRAY(expected, actual, num_elements)	数组类型为 uint
TEST_ASSERT_EQUAL_UINTn_ARRAY(expected, actual, num_elements) TEST_ASSERT_EQUAL_HEXn_ARRAY(expected, actual, num_elements)	数组类型为 n 位无符号整数

10. 数组中所有元素必须与指定值相等

Unity 还支持判断一个数组中的各个元素是否与指定的值相等。如表 9.12 所列的各个断言中，要求数组 actual 中的每个元素都必须与 expected 相等，其中数组

actual 的元素个数为 num_elements。

表 9.12 数组中所有元素必须与指定值相等

断言	说明
TEST_ASSERT_EACH_EQUAL_INT(expected, actual, num_elements)	数组类型为 int
TEST_ASSERT_EACH_EQUAL_INTn(expected, actual, num_elements)	数组类型为 n 位有符号整数
TEST_ASSERT_EACH_EQUAL_UINT(expected, actual, num_elements) TEST_ASSERT_EACH_EQUAL_HEX(expected, actual, num_elements)	数组类型为 uint
TEST_ASSERT_EACH_EQUAL_UINTn(expected, actual, num_elements) TEST_ASSERT_EACH_EQUAL_HEXn(expected, actual, num_elements)	数组类型为 n 位无符号整数

9.3.4 字符串

在 C 语言中,字符串是比较常用的一种数据类型,所以 Unity 也实现了字符串比较的断言,详见表 9.13。

表 9.13 字符串比较

断言	说明
TEST_ASSERT_EQUAL_STRING(expected, actual)	字符串 actual 必须与 expected 相等
TEST_ASSERT_EQUAL_STRING_LEN (expected, actual, len)	两个字符串的前 len 个字符相等
TEST_ASSERT_EQUAL_STRING_ARRAY (expected, actual, num_elements)	actual 和 expected 均为字符串数组; 每个数组中都包含 num_elements 个字符串; 两个数组中的每个字符串都必须相等
TEST_ASSERT_EACH_EQUAL_STRING (expected, actual, num_elements)	actual 为包含 num_elements 个字符串的数组; actual 中的每个字符串都必须与字符串 expected 相等

注意:字符串数组中存放的是各个字符串的首地址。

9.3.5 浮点数比较

Unity 实现了单精度浮点数和双精度浮点数比较的断言,分别有单个浮点数比较、浮点数数组比较,以及浮点数有效性判断。

如表 9.14 所列的各个断言中,要求浮点数 actual 必须与 expected 相等。

表 9.14　两个浮点数必须相等

断　言	精　度
TEST_ASSERT_EQUAL_FLOAT(expected, actual)	单精度
TEST_ASSERT_EQUAL_DOUBLE(expected, actual)	双精度

值得注意的是，浮点数相等并要求真的相等。在 Unity 中，单精度浮点数 actual 与 expected 的误差在 1e-5 范围内认为是相等；双精度浮点数 actual 与 expect 的误差在 1e-12 范围内认为是相等。

如表 9.15 所列的各个断言中，要求 actual 和 expected 相比，误差不能大于 delta。

表 9.15　浮点数必须相近

断　言	精　度
TEST_ASSERT_FLOAT_WITHIN(delta, expected, actual)	单精度
TEST_ASSERT_DOUBLE_WITHIN(delta, expected, actual)	双精度

如表 9.16 所列的各个断言中，要求浮点数数组 actual 和 expect 的每个对应的元素都相等，两个数组中元素个数都为 num_elements。

表 9.16　浮点数数组必须相等

断　言	精　度
TEST_ASSERT_EQUAL_FLOAT_ARRAY(expected, actual, num_elements)	单精度
TEST_ASSERT_EQUAL_DOUBLE_ARRAY(expected, actual, num_elements)	双精度

如表 9.17 所列的各个断言中，要求浮点数数组 actual 的每个元素都与 expected 相等，actual 中的元素个数为 num_elements。

表 9.17　浮点数组中所有元素必须与指定值相等

断　言	精　度
TEST_ASSERT_EACH_EQUAL_FLOAT(expected, actual, num_elements)	单精度
TEST_ASSERT_EACH_EQUAL_DOUBLE(expected, actual, num_elements)	双精度

Unity 还实现了浮点数有效性的判断，这类断言可以判断一个浮点数是否为无穷大或无效值。判断浮点数有效性的断言详见表 9.18。

表 9.18　浮点数有效性判断

断　言	说　明
TEST_ASSERT_FLOAT_IS_INF(actual) TEST_ASSERT_DOUBLE_IS_INF(actual)	actual 为正无穷

续表 9.18

断言	说明
TEST_ASSERT_FLOAT_IS_NEG_INF(actual) TEST_ASSERT_DOUBLE_IS_NEG_INF(actual)	actual 为负无穷
TEST_ASSERT_FLOAT_IS_NAN(actual) TEST_ASSERT_DOUBLE_IS_NAN(actual)	actual 为无效值 （比如负数开根）
TEST_ASSERT_FLOAT_IS_DETERMINATE(actual) TEST_ASSERT_DOUBLE_IS_DETERMINATE(actual)	actual 为正常值
TEST_ASSERT_FLOAT_IS_NOT_INF(actual) TEST_ASSERT_DOUBLE_IS_NOT_INF(actual)	actual 不为正无穷
TEST_ASSERT_FLOAT_IS_NOT_NEG_INF(actual) TEST_ASSERT_DOUBLE_IS_NOT_NEG_INF(actual)	actual 不为负无穷
TEST_ASSERT_FLOAT_IS_NOT_NAN(actual) TEST_ASSERT_DOUBLE_IS_NOT_NAN(actual)	actual 不为无效值
TEST_ASSERT_FLOAT_IS_NOT_DETERMINATE(actual) TEST_ASSERT_DOUBLE_IS_NOT_DETERMINATE(actual)	actual 不为正常值

9.3.6 内存段比较

除了基本类型的比较外，Unity 还实现了比较内存段的断言，用于对复杂类型的比较。例如，结构体可以当作一段连续的内存进行比较。用于内存段比较的断言详见表 9.19。

表 9.19 内存段比较

断言	说明
TEST_ASSERT_EQUAL_MEMORY (expected, actual, len)	两段内存的内容必须相同，起始地址分别为 expected 和 actual，长度均为 len
TEST_ASSERT_EQUAL_MEMORY_ARRAY (expected, actual, len, num_elements)	expected 和 actual 中均有 num_elements 个大小为 len 的内存段，要求每个对应的段的内容相同
TEST_ASSERT_EACH_EQUAL_MEMORY (expected, actual, len, num_elements)	expected 为一个大小为 len 的内存段； actual 为 num_elements 个大小为 len 的内存段； 要求 actual 中每一段的内容都与 expected 相同

9.4 信息输出

当所有测试用例都测试通过时，Unity 输出的信息如下：

```
1    :18:leapYear:PASS
2    :19:commonYear:PASS
```

针对每个测试用例，Unity 输出 RUN_TEST 所在的行数，以及测试用例名称。
当测试有错误的时候，Unity 又是怎样输出的呢？修改闰年判断的函数以产生 4.3 节中的第 1 类错误，运行测试用例，Unity 输出的信息如下：

```
1    :6:leapYear:FAIL: Expected TRUE Was FALSE
2    :19:commonYear:PASS
```

当发生错误时，Unity 输出出错的断言所在的代码行数，以及期望结果和实际结果。由于 Unity 断言在判断失败时会退出当前测试用例，所以当一个测试用例中有多个错误时，这些错误并不能一次性被检测出来，每次每个测试用例最多只能提示一个错误。

9.5 移　　植

在嵌入式平台的编程中，经常会遇到移植问题，使用 Unity 编写测试代码也一样。Unity 的移植非常简单，只需要实现一个头文件 unity_config.h，并将与平台相关的特性写入 unity_config.h 中；然后在 Unity 的 unity_internals.h 文件的开始处加入如下宏定义：

```
#define UNITY_INCLUDE_CONFIG_H
```

然后 Unity 就会自动包含头文件 unity_config.h 并使用其中的内容。

9.5.1　数据宽度定义

在不同的平台中，整数的长度是不一样的，在 Unity 中允许开发者设置整数的长度。如果没有设置，Unity 指定的默认值是 32 位。如程序清单 9.4 所示代码中，指定了 int、long 和指针类型的宽度。

程序清单 9.4　定义数据宽度

```
#define UNITY_INT_WIDTH 32
#define UNITY_LONG_WIDTH 32
#define UNITY_POINTER_WIDTH 32
```

9.5.2　64 位支持

大多数嵌入式平台是不支持 64 位的，所以 Unity 默认也是不支持 64 位的。如果要支持 64 位，可以定义下面的宏：

```
#define UNITY_SUPPORT_64
```

9.5.3 解除 float 类型支持

Unity 默认支持 float 类型,某些嵌入式平台可能不支持 float 类型。基于这一点,Unity 可以定义以下的宏以解除对 float 类型的支持:

```
#define UNITY_EXCLUDE_FLOAT
```

9.5.4 添加 double 类型支持

由于大多数嵌入式平台不支持 double 类型,所以 Unity 默认也不支持 double 类型。如果要添加支持,可以定义以下的宏:

```
#define UNITY_INCLUDE_DOUBLE
```

9.5.5 浮点数判断误差定义

在 9.3.5 小节各个浮点数比较的断言中,都允许存在一定的误差,其中单精度浮点数允许误差为 1e-5,双精度浮点数允许误差为 1e-12。如果需要修改这两个误差,可以使用以下两个宏:

```
#define UNITY_FLOAT_PRECISION (0.00001f)
#define UNITY_DOUBLE_PRECISION (1e-12)
```

9.5.6 字符输出函数声明

Unity 默认使用 stdio 库中的 putchar 函数输出测试的各种信息,但是在嵌入式平台的测试中,有时需要对输出信息重定向,所以就需要重新指定一个输出函数。可以使用以下宏定义指定输出函数:

```
#define UNITY_OUTPUT_CHAR(a) output_char(a)
```

output_char 是指定的输出单个字符的函数,该函数参数为 int 类型,返回值为 void。只需要在任意一个源文件中定义这个函数,就可以将 Unity 输出信息定向到需要的任意地方。

9.6 扩展功能

在 9.1~9.5 节中介绍了 Unity 的用法。实际上,前面使用的是 Unity 的核心功能,使用这部分功能就可以实现测试用例的编写。为了能够更加方便地对测试用例进行管理,Unity 还提供了一些扩展功能,在平台资源较充足时就可以使用这部分功能。

在 Unity 的主目录中,有一个 extras 目录,这里面就是 Unity 提供的扩展功能,详见图 9.4。

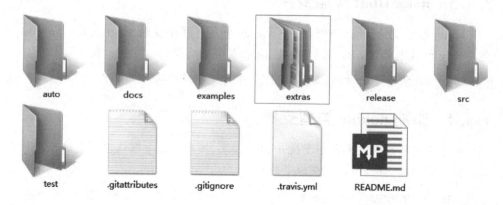

图 9.4 Unity 扩展功能

进入 extras 目录中的 fixture\src 子目录,里面有 4 个文件,即 Unity 扩展功能涉及的所有文件,详见图 9.5。

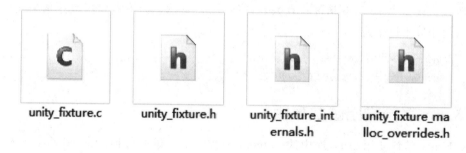

图 9.5 Unity 附加扩展文件列表

在配置工程时,需要将 src 目录和 extras\fixture\src 添加到包含目录中,将 unity.c 和 unity_fixture.c 添加到工程中。

9.6.1 编写测试用例

在 Unity 的核心功能中,没有测试用例集的概念,测试用例初始化函数 setUp 和测试用例清理函数 tearDown 用于每个测试用例的初始化和清理操作。如果要像 gtest 一样实现测试用例集,并针对每个测试用例集实现测试用例初始化和清理,可以使用 Unity 的扩展功能。

1. 定义测试用例集

在 Unity 的扩展功能中,可以使用 TEST_GROUP(suite_name)来定义一个测试用例集,使用 TEST_SETUP(suite_name)定义当前测试用例集的测试用例初始化操作,使用 TEST_TEAR_DOWN(suite_name)定义当前测试用例集的测试用例清理操作。程序清单 9.5 所示为闰年判断的测试用例集定义。

程序清单 9.5　闰年判断的测试用例集定义

```
1    # include "unity_fixture.h"
2    # include "..\product_code\leapyear.h"
3
4    TEST_GROUP(IsLeapYearTest);
5    TEST_SETUP(IsLeapYearTest)
6    {
7    }
8    TEST_TEAR_DOWN(IsLeapYearTest)
9    {
10   }
```

测试用例初始化操作会在当前测试用例集的每一个测试用例开始之前执行,测试用例清理操作会在当前测试用例集的每一个测试用例结束之后执行。

2. 定义测试用例

当定义了测试用例集后,就可以定义测试用例了,可以使用 TEST(suite_name, case_name)来定义一个测试用例。程序清单 9.6 所示为闰年判断函数的两个测试用例。

程序清单 9.6　闰年判断函数的两个测试用例

```
1    TEST(IsLeapYearTest, leapYear)
2    {
3        TEST_ASSERT_TRUE(IsLeapYear(2000));
4        TEST_ASSERT_TRUE(IsLeapYear(1996));
5    }
6
7    TEST(IsLeapYearTest, commonYear)
8    {
9        TEST_ASSERT_FALSE(IsLeapYear(1999));
10       TEST_ASSERT_FALSE(IsLeapYear(2100));
11   }
```

9.6.2　组织测试用例

在 Unity 中,测试用例并不能直接运行,需要开发者自行将测试用例组织起来才能够运行。可以使用 TEST_GROUP_RUNNER(suite_name)来组织一个测试用例集中的所有用例,并使用 RUN_TEST_CASE(suite_name, case_name)将各个测试用例添加到测试用例列表中以方便运行。比如,程序清单 9.7 将闰年判断的两个测试用例组织了起来。

程序清单 9.7　测试用例组织

```
1  TEST_GROUP_RUNNER(IsLeapYearTest)
2  {
3      RUN_TEST_CASE(IsLeapYearTest, leapYear);
4      RUN_TEST_CASE(IsLeapYearTest, commonYear);
5  }
```

9.6.3　运行测试用例

在编写了测试用例并将其有效地组织起来后,就可以运行测试用例了。首先需要实现一个全局函数,并在该函数中使用 RUN_TEST_GROUP(suite_name) 运行各个测试用例集,该函数的参数和返回值均为 void。在 main 函数中调用 UnityMain 函数,并传入全局函数的地址以运行测试,详见程序清单 9.8。

程序清单 9.8　运行测试用例

```
1  static void RunAllTests()
2  {
3      RUN_TEST_GROUP(IsLeapYearTest);
4  }
5
6  int main(int argc, char * argv[])
7  {
8      return UnityMain(argc, argv, RunAllTests);
9  }
```

在程序清单 9.8 中,定义了一个函数 RunAllTests 用于运行各个测试用例集,并在 main 函数中,调用 UnityMain 函数并传入函数 RunAllTests 以运行测试。从程序清单 9.8 中可以看出,UnityMain 函数可以接收命令行参数,在测试过程中可以使用命令行参数来控制测试的过程。

9.6.4　信息输出

当所有测试用例都测试通过时,Unity 输出的信息如下:

```
Unity test run 1 of 1
..

-----------------------
2 Tests 0 Failures 0 Ignored
OK
```

Unity 并没有输出每个测试用例的名称,而是每执行一个测试用例都输出一个点号,这个测试通过时就不会有很多输出信息。

当测试过程中有错误时，Unity 又是怎样输出的呢？可以修改闰年判断的函数以产生 4.3 节中的第 1 类错误。运行测试用例，Unity 输出的信息如下：

```
Unity test run 1 of 1
.e:\demo\unity\leapyear\test_code\leapyear_test.c:14:TEST(IsLeapYearTest, leapYear):
FAIL: Expected TRUE Was FALSE
.
-----------------------
2 Tests 1 Failures 0 Ignored
FAIL
```

当测试过程中有错误时，Unity 会输出判断失败的代码所在的代码行数、所属的测试用例、预期结果和实际结果，以方便问题的定位。

9.6.5 命令行参数

1. 输出每个测试用例的名称

默认情况下，Unity 在输出信息中，将每个测试用例用一个点号代替。如果需要输出测试用例的详细名称，可以在命令行参数中添加"-v"来告诉 Unity 输出完整的测试用例的名称。Unity 输出的完整信息如下：

```
Unity test run 1 of 1
TEST(IsLeapYearTest, leapYear)e:\demo\unity\leapyear\test_code\leapyear_test.c:14::
FAIL: Expected TRUE Was FALSE
TEST(IsLeapYearTest, commonYear) PASS

-----------------------
2 Tests 1 Failures 0 Ignored
FAIL
```

2. 筛选测试用例集

可以使用命令行参数"-g suite_name"筛选指定的测试用例集执行，必须指定完整的测试用例集的名称，不能使用通配符。

3. 筛选测试用例

可以使用行参数"-n case_name"筛选指定的测试用例执行，必须指定完整的测试用例名称，不能使用通配符。如果有多个测试用例集都有测试用例匹配、又没有指定测试用例集，则所有匹配的测试用例都会被选中。

4. 设置重复次数

可以使用"-r num"指定测试运行的次数，指定次数后测试将运行多次。例如，指定运行 2 次的输出信息如下：

```
Unity test run 1 of 2
..

-----------------------
2 Tests 0 Failures 0 Ignored
OK
Unity test run 2 of 2
..

-----------------------
2 Tests 0 Failures 0 Ignored
OK
```

第 10 章

自动构建

📖 本章导读

除了需要精心挑选测试用例外,保证单元测试有效还有一个重要的前提,就是测试要持续进行。为了持续进行测试,开发者每天都必须进行编译、测试。若开发的是一个跨平台的代码库,开发者必须维护不同平台的项目文件或 Makefile,需要耗费很多时间。

自动构建工具支持通过一套通用构建脚本生成不同平台的项目文件或 Makefile,再配合 shell 脚本,就可以实现在不同平台下生成项目文件、编译和测试一键操作,大大减小了开发者的工作量。

本章将介绍自动构建工具 cmake 的基本用法。

10.1 cmake 概述

经过前面的学习,读者已经了解了如何设计测试用例以及编写测试代码。然而在实际开发过程中,还有一些问题值得考虑:

① 在某些平台下,需要使用 make 进行构建,需要手动编写各代码文件的依赖关系,而且 Makefile 的语法比较繁琐。Makefile 中有很多默认规则,编写 Makefile 时必须十分谨慎,稍不注意就会出错。而在开发过程中,每增加一个源文件都不得不更改 Makefile,使用非常不方便。

② 在开发一个跨平台的代码库时,需要针对代码库支持的每一个平台创建相应的项目文件或 Makefile。维护这些项目文件或 Makefile 会有比较大的工作量。

③ 在多人协作开发时,每个人添加了源文件后都需要更改项目文件或 Makefile,在频繁修改项目文件或 Makefile 的情况下,将代码提交到版本库很容易导致冲突,从而影响开发效率。

④ 由于单元测试需要持续进行,开发者每天都需要进行编译、测试,如果能够一键操作,开发者的负担将会大大减轻。

因此,需要一种方式能够一键执行生成工程或 Makefile、编译、测试,实现构建自动化。

cmake 是一个跨平台的编译工具,开发者使用 cmake 语法编写跨平台的编译配置文件 CMakeLists.txt，然后就可以生成不同编译环境下的项目文件或 Makefile。

可以在 cmake 的官方页面上下载 cmake 的安装包或压缩包。cmake 官方页面提供了不同操作系统的安装包或压缩包，详见图 10.1。

Platform	Files
Windows win64-x64 Installer: Installer tool has changed. Uninstall CMake 3.4 or lower first!	cmake-3.13.0-rc2-win64-x64.msi
Windows win64-x64 ZIP	cmake-3.13.0-rc2-win64-x64.zip
Windows win32-x86 Installer: Installer tool has changed. Uninstall CMake 3.4 or lower first!	cmake-3.13.0-rc2-win32-x86.msi
Windows win32-x86 ZIP	cmake-3.13.0-rc2-win32-x86.zip
Mac OS X 10.7 or later	cmake-3.13.0-rc2-Darwin-x86_64.dmg
	cmake-3.13.0-rc2-Darwin-x86_64.tar.gz
Linux x86_64	cmake-3.13.0-rc2-Linux-x86_64.sh
	cmake-3.13.0-rc2-Linux-x86_64.tar.gz

图 10.1　cmake 下载页面

如果下载的是安装包，安装完成后即可在命令行中使用 cmake。

如果下载的是压缩包，则需要将其解压到需要安装的位置，例如"C:\Program Files"。然后将 cmake 安装目录下的 bin 目录添加到环境变量 Path 中。

10.2　cmake 基本用法

在使用 cmake 时，首先需要编写一个 CMakeLists.txt 文件，再执行 cmake 命令自动生成所需的项目文件或 Makefile，然后即可使用对应的编译器进行编译。cmake 内置许多函数和变量供开发者使用。本节介绍最常用函数的使用方法，读者如果需要了解更多，可以自行查阅 cmake 的使用文档。

10.2.1　最简单的 CMakeLists

当只有一个源文件时，CMakeLists 可以非常简单。程序清单 10.1 所示为一个幂运算的源文件 main.cc，下面介绍如何为这个文件编写 CMakeLists。

程序清单 10.1　单个源文件

```
1    #include <stdio.h>
2    #include <stdlib.h>
3    double power(double base, int exponent)
4    {
5        int result = base;
6        if (exponent == 0)
7        {
8            return 1;
9        }
```

```
10      for(int i = 1; i < exponent; ++i)
11      {
12          result = result * base;
13      }
14      return result;
15  }
16  int main(int argc, char * argv[])
17  {
18      if (argc < 3)
19      {
20          printf("Usage: %s base exponent \n", argv[0]);
21          return 1;
22      }
23      double base = atof(argv[1]);
24      int exponent = atoi(argv[2]);
25      double result = power(base, exponent);
26      printf("%g ^ %d is %g\n", base, exponent, result);
27      return 0;
28  }
```

为了使用 cmake 自动生成工程,需要编写一个 CMakeLists.txt 并存放在 main.cc 所在目录下,CMakeLists.txt 的内容详见程序清单 10.2。

程序清单 10.2 单个文件的 CMakeLists

```
1   # CMake 最低版本号要求
2   cmake_minimum_required(VERSION 3.1)
3
4   # 工程名称
5   project (Demo1)
6
7   # 项目信息
8   add_executable(Demo main.cc)
```

程序清单 10.2 给出了一个最简单的 CMakeLists.txt,其中包含 4 项内容。

1. 注 释

在 cmake 中,在当前行符号"#"之后的内容为注释,编写适当的注释可以增加 CMakeLists 的可读性。

2. 版本声明

由于 cmake 会不断更新升级,新版本中有些特性在旧版本中可能得不到支持,所以在编写 CMakeLists.txt 时需要声明脚本支持的 cmake 的最低版本,低于指定版本的 cmake 将不能使用该脚本进行构建。在 CMakeLists.txt 中使用 cmake_minimum_require 函数指定当前脚本支持的 cmake 的最低版本。例如,程序清单 10.2 中声明要求 cmake 的最低版本为 3.1。

3. 工程名称

在 cmake 中可以使用 project 函数设置工程的名称,比如 Visual Studio 中将使用这个名称创建解决方案。程序清单 10.2 中指定工程名称为 Demo1。

4. 创建项目

在 cmake 中可以使用 add_executable 函数创建一个项目,所创建的项目在编译成功后会生成一个可执行文件。

该函数可以支持多个参数,第一个参数为项目名称,其他参数用于指定多个源文件。如果将程序清单 10.1 中的 power 函数单独写在另外一个文件 MathFunctions.cc 中,那么只需要将程序清单 10.2 中的第 8 行修改为如下代码:

```
add_executable(Demo main.cc MathFunctions.cc)
```

为了不污染代码的目录,可以创建一个 build 子目录,然后在 build 子目录中执行如下 cmake 命令:

```
cmake ..
```

以上命令为 cmake 最简单的命令,只提供一个参数,给出 CMakeLists.txt 所在的位置。由于 CMakeLists.txt 存在于上一级目录中,所以给出的位置为"..."。

执行 cmake 命令后,在 build 目录下即可生成解决方案文件 Demo1.sln 和对应的项目文件 Demo.vcxproj,详见图 10.2。

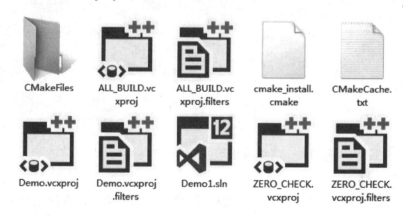

图 10.2　cmake 生成的文件

如果计算机中安装的是 Visual Studio 2013,则默认生成 Visual Studio 2013 的解决方案和项目。如果计算机安装的是多种编译器、又需要指定编译器,则可以使用命令行参数来指定。比如在 Linux 环境下可以使用如下命令生成 Linux 的 Makefile:

```
cmake -G"Unix Makefiles" ..
```

在命令行中使用命令行参数"-G"指定编译器,使用"cmake --help"命令可以查看 cmake 支持的所有编译器。

打开解决方案进行编译,即可生成一个可执行文件 Demo.exe。

10.2.2 变量定义及引用

在 CMakeLists.txt 中,可以定义一些变量以方便后续使用,使用 set 函数可定义变量,若变量之前已定义,则可修改变量的值。比如可以定义一个变量,把用于创建项目的源文件列表存放在该变量中,在创建项目时就可以直接使用这个变量。这在需要使用多个源文件生成项目时会非常有用。程序清单 10.3 所示为使用变量的 CMakeLists.txt。

程序清单 10.3 使用变量的 CMakeLists.txt

```
1   # cmake 最低版本号要求
2   cmake_minimum_required (VERSION 3.1)
3
4   # 工程名称
5   project (Demo1)
6
7   # 定义变量
8   set(DIR_SRCS main.cc)
9   set(DIR_SRCS ${DIR_SRCS} MathFunctions.cc)
10
11  # 生成项目
12  add_executable(Demo ${DIR_SRCS})
```

在程序清单 10.3 中,第 8 行定义一个变量 DIR_SRCS(值为 main.cc);第 9 行将 MathFunctions.cc 添加到变量 DIR_SRCS 中;第 12 行直接引用该变量以生成项目,在引用变量时使用"${变量名}"的形式。

10.2.3 源文件扫描

在添加一个项目时,需要指定源文件列表。当源文件比较多时,一个一个地添加项目难免会有所遗漏。cmake 支持扫描一个目录下的所有源文件,并把扫描到的源文件存放在一个变量中,后续可以直接使用这个变量创建项目。可以使用 aux_source_directory 函数扫描一个目录下的所有源文件。将程序清单 10.3 中的 CMakeLists.txt 修改为扫描源文件后详见程序清单 10.4。

程序清单 10.4 源文件扫描

```
1   # cmake 最低版本号要求
2   cmake_minimum_required (VERSION 3.1)
3
```

```
4    # 工程名称
5    project (Demo1)
6
7    # 查找当前目录下的所有源文件
8    aux_source_directory(. DIR_SRCS)
9
10   # 生成项目
11   add_executable(Demo ${DIR_SRCS})
```

在程序清单 10.4 中，第 8 行使用 aux_source_directory 函数将当前目录下的所有源文件扫描添加到变量 DIR_SRCS 中，该函数第一个参数为目录的路径，第二个参数为存放源文件列表的变量。第 11 行直接使用这个变量创建项目。

10.2.4 包含子模块

在实际开发过程中，有时需要将不同模块的代码放入不同的目录下，并且需要每个模块都单独创建一个项目文件。可以在每个目录中单独存放一个 CMakeLists.txt，然后在上层的 CMakeLists.txt 中使用 add_subdirectory 函数包含下层的 CMakeLists.txt。

比如，当需要将程序清单 10.1 中的 power 函数单独写在另外一个文件 MathFunctions.cc 并放入一个单独的子目录 math 中时，math 目录下 CMakeLists 的内容详见程序清单 10.5。

程序清单 10.5 子模块 CMakeLists.txt

```
1    # 查找当前目录下的所有源文件
2    aux_source_directory(. DIR_LIB_SRCS)
3
4    # 生成项目
5    add_library (MathFunctions ${DIR_LIB_SRCS})
```

在程序清单 10.5 中，第 5 行使用函数 add_library 生成一个工程，第一个参数为工程名称，其他参数为源文件列表。该工程编译成功后将生成一个静态库。如果需要生成一个动态库工程，那么在执行 cmake 命令时使用如下命令即可：

```
cmake -DBUILD_SHARED_LIBS:BOOL=ON ..
```

命令行参数-DBUILD_SHARED_LIBS:BOOL=ON 表示所有 add_library 生成的项目编译成功后都生成动态库文件。

main.cc 所在目录中的 CMakeLists.txt 需要使用 add_subdirectory 包含子目录，详见程序清单 10.6。

程序清单 10.6 添加子模块

```
1    # CMake 最低版本号要求
2    cmake_minimum_required (VERSION 3.1)
```

```
3
4      # 工程名称
5      project(Demo1)
6
7      # 添加头文件路径
8      include_directories(math)
9
10     # 添加 math 子目录
11     add_subdirectory(math)
12
13     # 项目信息
14     add_executable(Demo main.cc)
15
16     # 添加链接库
17     target_link_libraries(Demo MathFunctions)
```

程序清单 10.6 中,使用 add_subdirectory(math)添加一个子目录 math,cmake 会自动对 math 目录下的 CMakeLists.txt 文件进行解析。

当 main.cc 使用子目录下的头文件时,需要将子目录添加到项目文件的头文件路径中。第 8 行使用 include_directories()函数添加头文件路径,参数为需要添加的路径。

第 14 行生成应用程序项目时,只添加了 main.cc 文件,没有添加 MathFunctions.cc,所以需要将 MathFunctions 项目生成的库文件链接到 Demo 项目中。使用 target_link_libraries 函数可以将一个库文件链接到指定的项目中,第一个参数为对应的项目名称,第二个参数为需要链接的库文件名或生成库文件的项目名称。

如果项目需要链接的库文件由同一工程内的其他项目文件生成,那么只需要使用 target_link_libraries 函数添加链接即可;如果项目需要链接的库文件是在其他地方产生的,则需要指定库文件的搜索路径。

使用 link_directories 函数可以添加库文件搜索路径,该函数的参数为需要添加的库文件路径。

10.2.5 条件编译

在有些时候,不同的情况需要编译不同的代码。比如,可能有一些调试用的代码,这些代码不能存在于实际发布的软件中,就需要使用条件编译,只是在开发过程中使用这部分代码。

通常情况下,开发者会使用宏来控制条件编译,编译器根据是否有定义对应的宏或宏的不同值编译不同的代码。在代码中使用宏来控制条件编译时,就会有一个问题,即有可能在软件发布时忘记修改对应的宏,以至于发布的软件中包含调试用的代码。

在编写 CMakeLists.txt 时,可以在生成工程时决定是否在代码中定义指定的宏,以实现条件编译。一般情况下,可以在头文件中定义宏,而 cmake 可以自动生成头文件,这样就可以在生成头文件时决定是否需要定义对应的宏。

例如在本章前面的示例中,可以通过是否定义宏 USE_MYMATH 来决定 main 函数中是使用 MathFunctions.cc 中的 power 函数进行计算还是调用 C 标准库中的 pow 函数进行计算。若定义 USE_MYMATH 宏,则调用 MathFunctions.cc 中的 power 函数进行计算,否则使用 C 标准库中的 pow 函数进行计算。main.cc 所在目录下的 CMakeLists.txt 详见程序清单 10.7。

程序清单 10.7　自动生成头文件的 CMakeLists

```
1    # cmake 最低版本号要求
2    cmake_minimum_required (VERSION 3.1)
3
4    # 工程名称
5    project (Demo1)
6
7    # 定义选项并生成头文件
8    option (USE_MYMATH "Use provided math implementation" ON)
9    configure_file ("${PROJECT_SOURCE_DIR}/config.h.in"
10                   "${PROJECT_SOURCE_DIR}/config.h")
11
12   # 是否加入 MathFunctions 库
13   if (USE_MYMATH)
14       include_directories(math)
15       add_subdirectory (math)
16       set (EXTRA_LIBS ${EXTRA_LIBS} MathFunctions)
17   endif (USE_MYMATH)
18
19   # 生成项目并链接到库
20   add_executable(Demo main.cc)
21   target_link_libraries (Demo ${EXTRA_LIBS})
```

在程序清单 10.7 中,第 8 行定义了一个选项 USE_MYMATH,其默认值为 ON,表示默认使用 MathFunctions.cc 中的 power 函数进行计算。

第 9 行使用 configure_file 函数生成一个头文件。该函数有两个参数,第一个参数为生成头文件规则的文件,第二个参数为要生成的头文件存放的路径。这里使用一个 cmake 内置的变量 PROJECT_SOURCE_DIR,这个变量表示顶层的 CMakeLists 对应的路径。在本例中,规则文件 config.h.in 非常简单,内容如下:

```
#cmakedefine USE_MYMATH
```

该文件比较简单,只有一行代码,表示根据选项 USE_MYMATH 的值决定是否在config.h中定义USE_MYMATH宏。如果USE_MYMATH选项为ON,则在生成的头文件config.h中含有宏USE_MYMATH的定义,否则在生成的头文件config.h中不包含宏USE_MYMATH的定义。

第13～17行根据选项USE_MYMATH的值决定是否生成MathFunctions子项目。

为了能够实现条件编译,main.cc需要进行相应的修改。修改后的main.cc详见程序清单10.8。

程序清单10.8 使用条件编译的main.cc

```
1   #include "stdio.h"
2   #include "stdlib.h"
3   #include "config.h"        // 执行cmake时自动生成
4   #ifdef USE_MYMATH
5       #include "MathFunctions.h"
6   #else
7       #include "math.h"
8   #endif
9   int main(int argc, char *argv[])
10  {
11      if (argc < 3)
12      {
13          printf("Usage: %s base exponent \n", argv[0]);
14          return 1;
15      }
16      double base = atof(argv[1]);
17      int exponent = atoi(argv[2]);
18  #ifdef USE_MYMATH
19      double result = power(base, exponent);
20  #else
21      double result = pow(base, exponent);
22  #endif
23      printf("%g ^ %d is %g\n", base, exponent, result);
24      return 0;
25  }
```

在程序清单10.8中,包含config.h,在cmake生成工程时决定config.h中是否有宏USE_MYMATH的定义。如果config.h中有宏USE_MYMATH的定义,则使用MathFunctions.cc中的power函数进行计算;否则,使用C标准库中的pow函数进行计算。

由于程序清单10.7中定义USE_MYMATH选项时默认值为ON,所以生成的config.h中默认有宏USE_MYMATH的定义。如果不想在config.h中定义这个宏，则在执行 cmake 命令时使用如下命令：

```
cmake    - DUSE_MYMATH = OFF ..
```

使用以上命令生成工程后，config.h 中就不会有宏 USB_MYMATH 的定义，那么生成的应用程序就会使用 C 标准库中的 pow 函数进行计算。当 CMakeLists.txt 中有定义选项时，可以使用命令行参数"- D"改变该选项的值。

除了生成头文件外，cmake 还可以在工程文件或 Makefile 中自动添加全局的宏定义，这样就不用生成对应的头文件。可以使用 add_definitions 添加一个全局宏定义，这样在代码中就可以直接使用这个全局宏定义进行条件编译。将程序清单 10.8 的 CMakeLists 加入全局宏定义后详见程序清单 10.9。

程序清单 10.9 全局宏定义

```
1    # cmake 最低版本号要求
2    cmake_minimum_required (VERSION 3.1)
3
4    # 工程名称
5    project (Demo1)
6
7    # 定义选项并生成头文件
8    option (USE_MYMATH "Use provided math implementation" ON)
9
10   # 是否加入 MathFunctions 库
11   if (USE_MYMATH)
12       include_directories(math)
13       add_subdirectory (math)
14       set (EXTRA_LIBS ${EXTRA_LIBS} MathFunctions)
15       add_definitions( - DUSE_MYMATH)
16   endif (USE_MYMATH)
17
18   # 生成项目并链接到库
19   add_executable(Demo main.cc)
20   target_link_libraries (Demo ${EXTRA_LIBS})
```

在程序清单 10.9 中，当选项 USE_MYMATH 为 ON 时，在第 15 行就会添加一个全局宏定义 USE_MYMATH。这样不需要生成头文件 config.h，就可以实现条件编译。

10.2.6 生成安装脚本

有些时候，在编译完成后需要提取部分文件以便复用。例如在编译一个库文件工程时，需要在编译完成后提取生成的库文件以及所需的头文件。在本章示例中需要提取 MathFunctions 项目生成的库文件以及对应的头文件,这样就比较方便以后复用。cmake 支持将部分文件自动复制到指定的目录,目标目录可以在命令行中指定。如果需要复制 MathFunctions 项目中的部分文件,可以通过修改 math 目录下的 CMakeLists.txt 来实现,详见程序清单 10.10。

程序清单 10.10 安装文件

```
1    # 查找当前目录下的所有源文件
2    aux_source_directory(. DIR_LIB_SRCS)
3
4    # 生成链接库
5    add_library (MathFunctions ${DIR_LIB_SRCS})
6
7    # 安装文件
8    install(DIRECTORY "${PROJECT_SOURCE_DIR}/math"
9            DESTINATION "include"
10           FILES_MATCHING
11           PATTERN "*.h")
12   install(TARGETS MathFunctions
13           RUNTIME DESTINATION bin
14           ARCHIVE DESTINATION lib
15           LIBRARY DESTINATION lib)
```

第 8～11 行指定 cmake 将 math 目录下指定的 .h 文件复制到安装目录下的 include 子目录中。第 8 行使用 DIRECTORY 标志指定需要复制一个目录下的文件,这里指定目录为 math;第 9 行使用 DESTINATION 标志指定目标位置,表示将对应的文件复制到安装目录的 include 子目录下;第 10～11 行指定需要复制的文件为头文件。

第 12～15 行中指定 cmake 将项目 MathFunctions 生成的二进制文件复制到安装位置。第 12 行指定复制项目 MathFunctions 生成的文件;第 13 行指定可执行文件和动态库复制到安装目录的 bin 子目录下;第 14 行指定扩展名为 .a 的静态库库文件复制到安装目录下的 lib 子目录下;第 15 行指定扩展名为 .lib 的库文件复制到安装目录的 lib 子目录下。

在执行 cmake 命令时,需要指定安装目录,使用如下命令指定安装位置为 dist 目录:

```
cmake -DCMAKE_INSTALL_PREFIX:PATH=dist ..
```

cmake 命令执行完成后,生成的项目文件中就会有一个 INSTALL.vcxproj;编译项目 INSTALL.vcxproj 时,会在 build 目录中生成一个 dist 目录,在 dist 目录中有库文件 MathFunctions.lib 以及对应的头文件 MathFunctions.h。

10.2.7 项目配置

1. 指定编译顺序

当一个工程中包含多个项目时,可能需要指定不同项目的编译顺序。例如在本章示例中,就需要先编译 MathFunctions 项目、再编译 Demo 项目。可以在 CMakeLists.txt 中使用如下代码指定编译顺序:

```
add_dependencies(Demo MathFunctions)
```

以上代码使用 add_dependencies 指定在 Demo 项目编译之前必须先编译 MathFunctions 项目。实际上,使用 target_link_libraries 将一个项目链接到另外一个项目时,cmake 会自动指定编译顺序,并不需要使用 add_dependencies 函数指定。

2. 生成测试覆盖率数据

使用 Linux 的 GCC 编译测试程序时,可以在 Makefile 中添加覆盖率数据,这样在运行程序时就会自动生成测试覆盖率数据。CMakeLists.txt 中向 Makefile 中添加覆盖率数据的代码片段详见程序清单 10.11。

程序清单 10.11　生成测试覆盖率

```
1   IF(NOT WIN32 AND NOT APPLE)
2       SET(CMAKE_CXX_FLAGS_DEBUG "${CMAKE_CXX_FLAGS_DEBUG} -fprofile-arcs
        -ftest-coverage")
3       SET(CMAKE_C_FLAGS_DEBUG "${CMAKE_C_FLAGS_DEBUG} -fprofile-arcs
        -ftest-coverage")
4       SET(CMAKE_EXE_LINKER_FLAGS_DEBUG "${CMAKE_EXE_LINKER_FLAGS_DEBUG}
        -fprofile-arcs -ftest-coverage -lgcov")
5   ENDIF()
```

如果 CMakeLists.txt 中包含程序清单 10.11 中的内容,当生成 Linux 的 Makefile 后,执行 make 命令编译的程序中就会包含测试覆盖率的相关信息。具体如何生成测试覆盖率将在第 11 章中介绍。

3. 设置警告等级

在编译程序时,为了让编译器能够报告更多的警告信息,需要将编译器的等级设置为最高等级。CMakeLists.txt 中设置编译器警告等级的代码片段详见程序清单 10.12。

程序清单 10.12　设置警告等级

```
1   if(MSVC)
2       add_definitions(-W4)
3   elseif(MINGW)
4       add_definitions(-Wall)
5       add_definitions("-Wextra -Wno-unused-parameter -Wno-missing-field-
        initializers")
```

6	elseif (CMAKE_COMPILER_IS_GNUCXX AND CMAKE_SYSTEM_NAME MATCHES "Linux")
7	add_definitions(-Wall)
8	add_definitions("-Wextra -Wno-unused-parameter -Wno-missing-field-initializers")
9	endif()

在程序清单 10.12 中，分别设置了 Visual Studio、Mingw、Linux GCC 的警告等级为最高等级。

4. 设置 Visual Studio 运行库类型

在 5.3.1 小节中介绍了 Visual Studio 的两种运行库类型，在编写程序时需要选择合适的类型。在 CMakeLists.txt 中也可以指定 Visual Studio 运行库的类型，详见程序清单 10.13。

程序清单 10.13　设置 VIsual Studio 运行库类型

1	option(force_shared_crt "Use shared (DLL) run-time lib." OFF)
2	if (MSVC)
3	foreach (flag_var
4	CMAKE_C_FLAGS
5	CMAKE_C_FLAGS_DEBUG
6	CMAKE_C_FLAGS_RELEASE
7	CMAKE_C_FLAGS_MINSIZEREL
8	CMAKE_C_FLAGS_RELWITHDEBINFO
9	CMAKE_CXX_FLAGS
10	CMAKE_CXX_FLAGS_DEBUG
11	CMAKE_CXX_FLAGS_RELEASE
12	CMAKE_CXX_FLAGS_MINSIZEREL
13	CMAKE_CXX_FLAGS_RELWITHDEBINFO)
14	if (NOT force_shared_crt)
15	string(REPLACE "/MD" "/MT" ${flag_var} "${${flag_var}}")
16	endif()
17	endif()

在程序清单 10.13 中，默认使用 Visual Studio 静态运行库。如果需要使用 Visual Studio 动态运行库，在执行 cmake 命令时加入"-Dforce_shared_crt=ON"即可。

10.2.8　cmake 常用函数汇总

在 10.2.1～10.2.7 小节中介绍了 cmake 的基本用法。本小节对前面提到的 cmake 常用函数进行汇总。

使用 cmake_minimum_required 函数指定支持的 cmake 的最低版本：

```
cmake_minimum_required(VERSION 3.1)
```

使用 project 函数指定工程名称：

```
project (Demo1)
```

使用 add_executable 函数或 add_library 函数创建一个项目：

```
add_executable(Demo main.cc)
add_library (MathFunctions ${DIR_LIB_SRCS})
```

使用 set 函数定义一个变量或改变变量的值：

```
set(DIR_SRCS main.cc)
```

使用 option 函数定义一个选项：

```
option (USE_MYMATH "Use provided math implementation" ON)
```

使用 configure_file 函数自动生成一个头文件：

```
configure_file ("${PROJECT_SOURCE_DIR}/config.h.in"
                "${PROJECT_SOURCE_DIR}/config.h")
```

使用 aux_source_directory 函数扫描一个目录下的源文件：

```
aux_source_directory(. DIR_SRCS)
```

使用 add_subdirectory 函数添加一个子模块：

```
add_subdirectory(math)
```

使用 include_directories 函数添加一个头文件目录：

```
include_directories(math)
```

使用 link_directories 函数添加一个库文件目录：

```
link_directories()
```

使用 add_definitions 函数添加一个全局宏定义：

```
add_definitions(-DUSE_MYMATH)
```

使用 add_dependencies 函数指定两个项目的编译顺序：

```
add_dependencies(DemoMathFunctions)
```

10.3 cmake 示例

本节以第 8 章的单链表模块及其测试程序为例编写一个 CMakeLists.txt，以帮助读者对 cmake 有一个整体的认识。

为了使代码更容易维护、复用以及测试，需要合理地组织代码的结构。原则是：产品代码、依赖的第三方代码、工具代码要分开存放，测试代码要放在单独的目录中。

图 10.3 所示为单链表模块的目录结构。读者在进行其他项目开发时，推荐使用类似的目录结构，这样的代码组织会更加清晰。

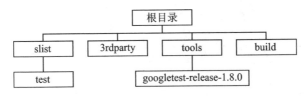

图 10.3　单链表模块的目录结构

在图 10.3 中，3rdparty 是存放依赖的第三方代码的目录；tools 是存放工具代码的目录，可以把 gtest 的代码放在该目录中；slist 是产品代码的目录；build 是用于存放生成的项目文件的目录。

可以在 slist 目录下单独创建一个子目录 test，用于存放测试代码。这样做的好处是，当软件分为多个模块时，每个模块的测试代码和对应的功能代码都在同一个目录中，后续复用部分模块的代码时可以将对应的测试代码一并复用。

为了使用 cmake 进行自动构建，需要编写一个 CMakeLists.txt 放在 slist 目录下，其内容详见程序清单 10.14。

程序清单 10.14　单链表的 cmakelists

```
1   # 最低版本要求
2   cmake_minimum_required (VERSION 3.1)
3
4   # 工程名称
5   project (slist)
6
7   # 项目根目录和生成目录
8   set(TRUNK_PATH "${PROJECT_SOURCE_DIR}/..")
9   set(BUILD_PATH "${PROJECT_BINARY_DIR}/..")
10
11  option(force_shared_crt "Use shared (DLL) run-time lib." OFF)
12
13  # 编译器相关设置
14  if (MSVC)
15      add_definitions(-W4)
16      foreach (flag_var
17          CMAKE_C_FLAGS
18          CMAKE_C_FLAGS_DEBUG
19          CMAKE_C_FLAGS_RELEASE
20          CMAKE_C_FLAGS_MINSIZEREL
```

```
21            CMAKE_C_FLAGS_RELWITHDEBINFO
22            CMAKE_CXX_FLAGS
23            CMAKE_CXX_FLAGS_DEBUG
24            CMAKE_CXX_FLAGS_RELEASE
25            CMAKE_CXX_FLAGS_MINSIZEREL
26            CMAKE_CXX_FLAGS_RELWITHDEBINFO)
27            if (NOT force_shared_crt)
28                string(REPLACE "/MD" "/MT" ${flag_var} "${${flag_var}}")
29            endif()
30        endforeach()
31    elseif (MINGW)
32        add_definitions(-Wall)
33        add_definitions("-Wextra -Wno-unused-parameter -Wno-missing-field-initializers")
34        set(LINK_SYS_LIBS pthread)
35    elseif (CMAKE_COMPILER_IS_GNUCXX AND CMAKE_SYSTEM_NAME MATCHES "Linux")
36        add_definitions(-Wall)
37        add_definitions("-Wextra -Wno-unused-parameter -Wno-missing-field-initializers")
38        set(LINK_SYS_LIBS pthread)
39    endif()
40
41    # 生成覆盖率数据
42    IF (NOT WIN32 AND NOT APPLE)
43        set(CMAKE_CXX_FLAGS_DEBUG "${CMAKE_CXX_FLAGS_DEBUG} -fprofile-arcs -ftest-coverage")
44        set(CMAKE_C_FLAGS_DEBUG "${CMAKE_C_FLAGS_DEBUG} -fprofile-arcs -ftest-coverage")
45        set(CMAKE_EXE_LINKER_FLAGS_DEBUG "${CMAKE_EXE_LINKER_FLAGS_DEBUG} -fprofile-arcs -ftest-coverage -lgcov")
46    ENDIF()
47
48    # 添加头文件和库文件目录
49    include_directories("${TRUNK_PATH}/slist"
50                        "${TRUNK_PATH}/tools/googletest-release-1.8.0/googletest/include"
51                        "${TRUNK_PATH}/tools/googletest-release-1.8.0/googlemock/include")
52    link_directories("${BUILD_PATH}/dist/lib")
53
54    # 生成库
55    aux_source_directory(. DIR_LIB_SRCS)
```

```
56    add_library(slist ${DIR_LIB_SRCS})
57
58    # 安装文件
59    install(DIRECTORY "${PROJECT_SOURCE_DIR}"
60        DESTINATION "include" FILES_MATCHING
61        PATTERN "*.h")
62    install(TARGETS slist
63        RUNTIME DESTINATION bin
64        ARCHIVE DESTINATION lib
65        LIBRARY DESTINATION lib)
66
67
68    # 生成测试项目
69    aux_source_directory(./test DIR_TEST_SRCS)
70    add_executable(slist_test ${DIR_TEST_SRCS})
71    target_link_libraries(slist_test gmock)
72    target_link_libraries(slist_test slist)
73    target_link_libraries(slist_test ${LINK_SYS_LIBS})
74
75    # 安装文件
76    install(TARGETS slist_test
77        RUNTIME DESTINATION bin
78        ARCHIVE DESTINATION lib
79        LIBRARY DESTINATION lib)
```

在程序清单 10.14 中，创建了两个项目 slist 和 slist_test，并为两个项目定义了安装过程。slist 在安装过程中会复制生成的库文件和对应的头文件到指定目录下，slist_test 在安装过程中会复制生成的可执行文件到指定目录下。

由于 gtest 会使用多线程，而 Linux 下编译时默认不会链接 pthread 库，所以在 Linux 下编译 slist_test 时配置了链接 pthread 库。

10.4 生成自动构建 Shell 脚本

在 10.3 节中使用 slist 为例编写了一个 CMakeLists.txt，执行 cmake 命令即可自动生成工程文件或 Makefile。生成工程文件或 Makefile 后，可以直接编译得到测试程序。直接运行测试程序就可以对 slist 模块进行测试。这个过程比较麻烦，可以把这个过程编写成 Shell 脚本，只要运行这个脚本，就能够自动执行生成工程、编译、安装以及测试，这样在实际开发过程中会带来极大的方便。可以编写一个 Windows 版本的 Shell 脚本 build_vs2013.bat 并放入 build 目录下，详见程序清单 10.15。

程序清单 10.15　Windows 下的 Shell 脚本

```
1   @rem Debug 版本还是 Release 版本
2   @if "%1" == "release" (
3       @set VC_BUILD_OPT=Release
4   )else (
5       @set VC_BUILD_OPT=Debug
6   )
7
8   @rem 选择编译器及版本
9   @set VC_BUILD_PLATFORM=Visual Studio 12 2013
10
11  cd %~dp0
12  md vs2013
13
14  @rem 创建 gmock 目录
15  cd %~dp0
16  cd vs2013
17  md gmock_build_
18  cd gmock_build_
19  @set trunk=../../../
20  @set dist=%trunk%build/vs2013/dist
21
22  @rem 生成 gmock 工程
23  @set gmock_cmake_opt=
24  @set gmock_cmake_opt=%gmock_cmake_opt% -G "%VC_BUILD_PLATFORM%"
25  @set gmock_cmake_opt=%gmock_cmake_opt% -DCMAKE_INSTALL_PREFIX:PATH=%dist%
26  cmake %trunk%tools/googletest-release-1.8.0 %gmock_cmake_opt%
27  @if %errorlevel% NEQ 0 exit /b %errorlevel%
28  @set gmock_cmake_opt=
29
30  @rem 编译 gmock 工程
31  msbuild googletest-distribution.sln /t:Rebuild /p:Configuration=%VC_BUILD_OPT%
32  @if %errorlevel% NEQ 0 exit /b %errorlevel%
33  msbuild INSTALL.vcxproj /t:Build /p:Configuration=%VC_BUILD_OPT%
34
35  @rem 创建 slist 目录
36  cd %~dp0
37  cd vs2013
38  md slist_build_
39  cd slist_build_
40  @set trunk=../../../
```

```
41      @set dist = %trunk%build/vs2013/dist
42
43      @rem  生成slist工程
44      @set slist_cmake_opt =
45      @set slist_cmake_opt = %slist_cmake_opt% -G "%VC_BUILD_PLATFORM%"
46      @set slist_cmake_opt = %slist_cmake_opt% -DCMAKE_INSTALL_PREFIX:PATH=%dist%
47      cmake %trunk%slist %slist_cmake_opt%
48      @if %errorlevel% NEQ 0 exit /b %errorlevel%
49      @set slist_cmake_opt =
50
51      @rem  编译slist工程
52      msbuild slist.sln /t:Rebuild /p:Configuration=%VC_BUILD_OPT%
53      @if %errorlevel% NEQ 0 exit /b %errorlevel%
54      msbuild INSTALL.vcxproj /t:Build /p:Configuration=%VC_BUILD_OPT%
55
56      @rem  执行测试过程
57      cd %~dp0
58      vs2013\dist\bin\slist_test
```

gtest的软件包中包含CMakeLists.txt，可以直接使用它来生成gtest的工程。

在程序清单10.15中首先生成gtest的工程，并执行编译和安装；然后生成slist模块的工程，并执行编译和安装；在程序清单10.15的最后，使用生成的测试程序进行测试。

运行build_vs2013.bat，生成工程、编译、安装、测试的过程全部自动完成。这样就实现了一键操作，对于项目后续的维护非常方便。

同样，也可以实现Linux版本的Shell脚本build_linux.sh并放入build目录下，详见程序清单10.16。

程序清单10.16 Linux版本的Shell脚本

```
1       #!/bin/sh
2
3       if [ $1 -a $1 = "release" ]; then
4       VC_BUILD_OPT="Release"
5           else
6       VC_BUILD_OPT="Debug"
7           fi
8       VC_BUILD_PLATFORM="Unix Makefiles"
9
10      sh_rel_path=`dirname $0`
11      cd $sh_rel_path
12      sh_path=`pwd`
```

```
13
14    mkdir linux_gcc
15    cd linux_gcc
16
17    cd $sh_path
18    cd linux_gcc
19    mkdir gmock_build_
20    cd gmock_build_
21    trunk=../../..
22    dist=$trunk/build/linux_gcc/dist
23
24    gmock_cmake_opt=
25    gmock_cmake_opt="$gmock_cmake_opt -DCMAKE_INSTALL_PREFIX:PATH=$dist"
26    gmock_cmake_opt="$gmock_cmake_opt -DCMAKE_BUILD_TYPE:STRING=$VC_BUILD_OPT"
27    cmake $trunk/tools/googletest-release-1.8.0 -G"$VC_BUILD_PLATFORM" $gmock_cmake_opt
28    if [ $? -ne 0 ]; then return 1; fi;
29
30    make
31    if [ $? -ne 0 ]; then return 1; fi;
32    make install
33
34    cd $sh_path
35    cd linux_gcc
36    mkdir slist_build_
37    cd slist_build_
38    trunk=../../..
39    dist=$trunk/build/linux_gcc/dist
40
41    slist_cmake_opt=
42    slist_cmake_opt="$slist_cmake_opt -DCMAKE_INSTALL_PREFIX:PATH=$dist"
43    slist_cmake_opt="$slist_cmake_opt -DCMAKE_BUILD_TYPE:STRING=$VC_BUILD_OPT"
44    cmake $trunk/slist -G"$VC_BUILD_PLATFORM" $slist_cmake_opt
45    if [ $? -ne 0 ]; then return 1; fi;
46
47    make
48    if [ $? -ne 0 ]; then return 1; fi;
49    make install
50
51    cd $sh_path
52    linux_gcc/dist/bin/slist_test
```

程序清单10.16实现了与程序清单10.15一样的功能，在Linux下执行该脚本即可实现一键生成Makefile、编译、安装、测试的过程。

第 11 章

代码覆盖率分析

📖 **本章导读**

在进行单元测试之后,需要对单元测试的效果进行评估。代码覆盖率是经常被用来评估单元测试效果的一个指标。人工分析代码覆盖率会非常耗时,开发者可以借用专业的工具进行分析,以快速评估测试代码的覆盖率。

本章将通过前面的单链表的例子介绍如何进行测试覆盖率分析。

11.1 代码覆盖率概述

代码覆盖率是评估单元测试效果的一个重要指标。在实际工作中,通常使用代码覆盖率来评估单元测试效果。

代码覆盖率可以从语句覆盖率和分支覆盖率两个方面来评估。

① 语句覆盖率是指在测试过程中实际得到执行的语句数和代码总语句数之间的比值。比如共有 100 条语句,在测试过程中有 80 条语句得到执行,那么语句覆盖率就是 80%。

② 分支覆盖率是指在程序控制流图中实际得到执行的分支数和总分支数之间的比值。比如共有 100 个分支,在测试过程中实际有 80 个分支得到执行,那么分支覆盖率就是 80%。可以简单地理解为控制流图中每一条线性无关路径即为一个分支。

11.2 Windows 环境下覆盖率分析工具

在 Windows 环境下,可以使用 OpenCppCoverage 生成测试覆盖率。OpenCppCoverage 是与 Visual Studio 配合使用的一个代码覆盖率分析工具,当测试程序使用 Visual Studio 编译时,就可以使用这个工具进行代码覆盖率分析,但应用程序必须编译为 Debug 版本。

11.2.1 OpenCppCoverage 获取

登录 https://github.com/OpenCppCoverage/OpenCppCoverage/releases,下

载最新版的软件包,详见图 11.1。下载完毕,按提示进行安装即可。

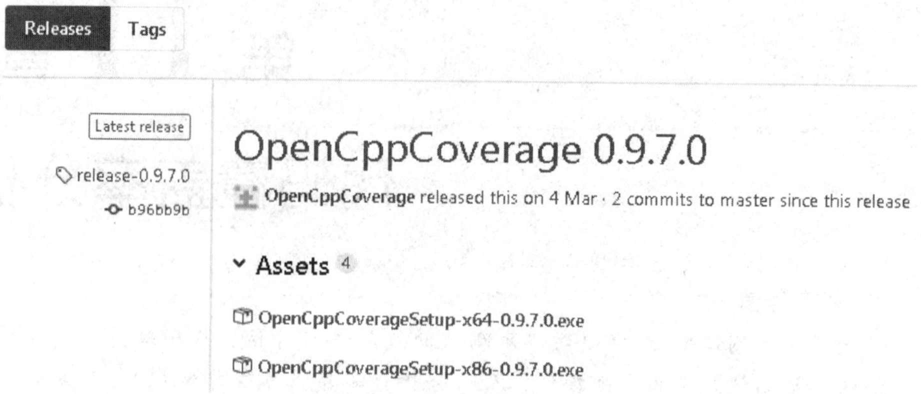

图 11.1 OpenCppCoverage 下载页面

11.2.2 OpenCppCoverage 参数说明

当使用 Visual Studio 成功编译测试程序后,即可使用 OpenCppCoverage 生成测试覆盖率报告。OpenCppCoverage 的使用非常简单,只需要执行 OpenCppCoverage 命令并输入所需的命令行参数即可。下面介绍 OpenCppCoverage 的命令行参数。

1. 报告格式和路径

在 OpenCppCoverage 中,使用参数 -- export_type 指定生成的覆盖率报告的格式和报告存放的路径,类型和路径之间用冒号分隔。OpenCppCoverage 支持生成 3 种格式的报告:html、二进制文件以及 cobertura 格式。为了方便查看,可以生成 html 格式的报告。例如,使用如下命令行参数指定报告格式为 html 格式、存放目录为 covreport:

```
-- export_type html:covreport
```

2. 模块选择

使用参数 -- module 指定要分析的模块,这里的模块可以是可执行文件或动态库文件。例如,使用如下命令行参数选择分析模块 slist_test:

```
-- module slist_test
```

3. 源文件路径

使用参数 -- source 指定源文件所在目录。OpenCppCoverage 生成的报告中包含指定目录以及子目录下所有的源文件的覆盖率数据。例如,使用如下命令行参数指定源文件目录为 slist:

```
-- source slist
```

4. 排除的源文件路径

当指定源文件目录后,OpenCppCoverage 就会分析子目录下的源文件,如果不需要分析子目录下的源文件,可以使用-- excluded_sources 参数排除子目录,这样生成的覆盖率报告中就不会包含对应子目录下源文件的覆盖率数据。例如,可以使用如下命令行参数排除 slist 的子目录 test:

```
-- source slist\test
```

5. 运行的程序

使用 OpenCppCoverage 分析代码覆盖率时,需要在 OpenCppCoverage 中指定要运行的程序。直接在"--"符号后加上程序路径,即可指定要运行的程序。指定程序的同时还可指定程序的命令行参数。

6. 注意事项

在 OpenCppCoverage 的命令行参数中,对于多级路径,不能使用"/"分隔,必须使用"\"分隔。

11.2.3 生成覆盖率报告

为了生成测试覆盖率报告,可以编写一个 Shell 脚本 coverage.bat 放入 build 目录下,后续直接运行这个脚本即可生成覆盖率报告。用于生成单链表测试覆盖率报告的 Shell 脚本详见程序清单 11.1。

程序清单 11.1 使用 OpenCppCoverage 生成测试覆盖率报告的 Shell 脚本

1	@rem 执行测试过程
2	cd %~dp0
3	cd ..
4	@set sourpath = %cd%\slist
5	cd %~dp0
6	cd vs2013
7	md coverage
8	cd coverage
9	
10	@set test_opt =
11	@set test_opt = %test_opt% -- export_type html;covreport
12	@set test_opt = %test_opt% -- module slist_test
13	@set test_opt = %test_opt% -- source %sourpath%
14	@set test_opt = %test_opt% -- excluded_sources %sourpath%\test
15	@set test_opt = %test_opt% -- ..\dist\bin\slist_test.exe
16	@set test_opt = %test_opt% -- gtest_output = xml:testreport.xml
17	OpenCppCoverage %test_opt%
18	cd %~dp0

当成功生成工程后,就可以运行 coverage.bat 脚本来进行代码覆盖率分析。分析完成后,在 vs2013 目录下生成一个 coverage 目录。coverage 目录下有一个 covreport 目录,存放的就是代码覆盖率报告。进入 covreport 目录,打开 index.html 即可查看覆盖率报告,详见图 11.2。

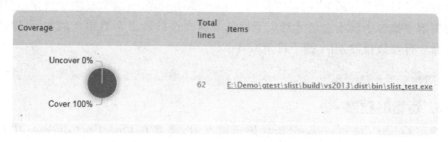

图 11.2　各模块的覆盖率

图 11.2 显示了各个模块的覆盖率情况,单击某个模块的链接可以看到该模块内各文件的覆盖情况,详见图 11.3。

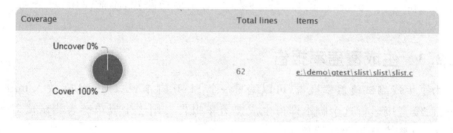

图 11.3　各文件的覆盖率

单击某个文件名的链接,可以看到该文件每一行代码的覆盖情况,详见图 11.4。

```
 5. int slist_init (slist_head_t *p_head)
 6. {
 7.     if (p_head == NULL) {
 8.         return -1;
 9.     }
10.     p_head->p_next = NULL;
11.     return 0;
12. }
13.
14. int slist_add_tail (slist_head_t *p_head, slist_node_t *p_node)
15. {
16.     slist_node_t *p_tmp = slist_tail_get(p_head);    // ÒÔµÃÎ²½áµã
17.     return slist_add(p_head, p_tmp, p_node);          // 1íÒÖ½áµãÖÁ²½áµãºó
18. }
```

图 11.4　单个文件的覆盖情况

使用 OpenCppCoverage 生成的测试覆盖率报告中,只有语句覆盖率的数据。通过 4.3 节中各种逻辑覆盖的对比可以知道,语句覆盖是最弱的一种覆盖。为了进一步体现代码的覆盖率,需要另外一个工具提供更多的数据。

11.3 Linux 下的覆盖率工具

在 11.2 节中介绍了如何使用 OpenCppCoverage 生成测试覆盖率报告，OpenCppCoverage 生成的测试覆盖率报告中只有语句覆盖率的数据。本节将介绍 Linux 下的覆盖率分析工具 lcov。该工具生成的测试覆盖率报告中，除了语句覆盖率的数据外，还包含分支覆盖率的数据。

如果测试覆盖率能够达到 100% 分支覆盖，实际上就是满足修正条件判定覆盖。

11.3.1 lcov 安装

在 Linux 中安装 lcov 非常简单，只要使用如下命令即可：

```
sudo apt-get install lcov
```

安装完成后，即可使用 lcov 生成代码覆盖率报告。

11.3.2 覆盖率原始数据生成

在程序清单 10.14 的 CMakeLists.txt 中，指定生成测试覆盖率数据。使用 make 命令编译该 CMakeLists.txt 生成的 Makefile 时，会为每个源文件生成一个扩展名为 .gcno 的文件，比如为 main.cc 生成的文件为 main.cc.gcno。该文件包含用于监控应用程序的各条语句以及各条分支执行情况的信息。

执行生成的应用程序时，会为每个源文件生成一个扩展名为 .gcda 的文件，比如为 main.cc 生成的文件为 main.cc.gcda。该文件包含用于分析测试覆盖率的原始数据。

11.3.3 使用 lcov 生成测试覆盖率报告

lcov 的使用非常简单，只需要执行 lcov 命令并输入所需的命令行参数就可以生成测试覆盖率报告。下面介绍 lcov 的命令行参数。

使用 -d 选项指定 .gcda 文件所在的目录，lcov 会在指定目录以及子目录中搜索 .gcda 文件并从中提取原始数据以生成测试覆盖率报告。比如，如下参数指定在当前工作目录的上一级目录中搜索 .gcda 文件：

```
-d ..
```

在默认情况下，lcov 生成的覆盖率报告中是不包含分支覆盖率的。如果希望生成的覆盖率报告中包含分支覆盖率，需要在命令行中加入如下选项：

```
--rc lcov_branch_coverage=1
```

在默认情况下，lcov 生成的覆盖率报告中包含 .gcda 涉及的所有源文件及其包含的头文件的覆盖率情况。如果只需要生成指定源文件的覆盖率数据，可以使用 -b

选项指定源文件目录,那么生成的覆盖率报告中就只包含指定目录及其子目录下源文件的覆盖率信息。比如,在命令行中加入如下参数指定生成的覆盖率报告中只包含 slist 目录下源文件的覆盖率信息:

```
-b slist --no-external
```

加入--no-external 选项是为了确保测试覆盖率报告中不会包含指定目录以外的其他文件的覆盖率数据。

使用-o 指定生成的覆盖率报告文件名。比如,使用如下参数指定生成覆盖率报告的文件名为 Coverage.info:

```
-o Coverage.info
```

使用 lcov 分支覆盖率数据时,必须使用-c 选项,否则无法生成覆盖率报告。

可以编写一个 Shell 脚本 coverage.sh 放入 build 目录下,直接运行这个脚本即可生成覆盖率报告。用于生成单链表测试程序的覆盖率报告的 Shell 脚本详见程序清单 11.2。

程序清单 11.2　使用 lcov 生成覆盖率数据

```
1   cd linux_gcc
2   mkdir coverage
3   cd coverage
4
5   ../dist/bin/slist_test
6
7   lcov -d .. --rc lcov_branch_coverage=1 -b ../../../slist --no-external -c
    -o Coverage.info
```

在使用 lcov 进行测试覆盖率分析时,需要先运行测试程序,然后才能够使用生成的.gcda 文件生成测试覆盖率报告。运行 coverage.sh 脚本后,在 Linux_gcc 目录下生成一个 coverage 目录。有一个文件 Coverage.info,就是测试覆盖率报告。

11.3.4　生成 html 格式的覆盖率报告

使用 lcov 生成的覆盖率数据并不方便查看,可以使用 genhtml 将其转换为 html 格式的覆盖率报告,这样查看起来就会非常方便。genhtml 不需要单独安装,安装 lcov 时会自动将其安装到系统中。

生成 html 格式的报告比较简单,只要在 coverage 目录下使用以下命令即可:

```
genhtml --branch-coverage -o CoverageReport Coverage.info
```

--branch-coverage 表示报告中包含分支覆盖率,CoverageReport 为存放报告的目录,Coverage.info 为前面使用 lcov 生成的测试覆盖率报告的文件名。

在执行该命令后,生成一个目录 covreport,存放的就是代码覆盖率报告。进入 covreport 目录,打开 index.html 就可以看到覆盖率报告,详见图 11.5。

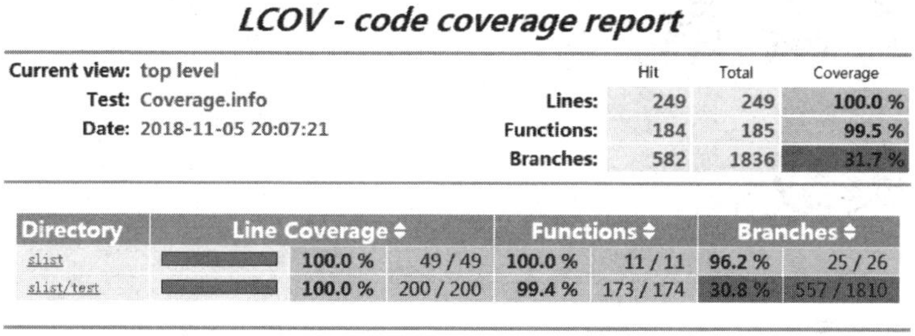

LCOV - code coverage report

Current view:	top level		Hit	Total	Coverage
Test:	Coverage.info	Lines:	249	249	100.0 %
Date:	2018-11-05 20:07:21	Functions:	184	185	99.5 %
		Branches:	582	1836	31.7 %

Directory	Line Coverage ♦		Functions ♦		Branches ♦	
slist	100.0 %	49 / 49	100.0 %	11 / 11	96.2 %	25 / 26
slist/test	100.0 %	200 / 200	99.4 %	173 / 174	30.8 %	557 / 1810

图 11.5 各目录的覆盖率

图 11.5 中显示了总的覆盖率以及各目录的覆盖率,报告中给出了语句覆盖率、函数覆盖率和分支覆盖率的数据。

图 11.5 中包含 slist 目录和 slist/test 目录的覆盖率,实际上 slist/test 目录下是测试代码,读者不必关心该目录下文件的覆盖率。

单击 slist 查看详细信息,该目录下各文件覆盖率,详见图 11.6。

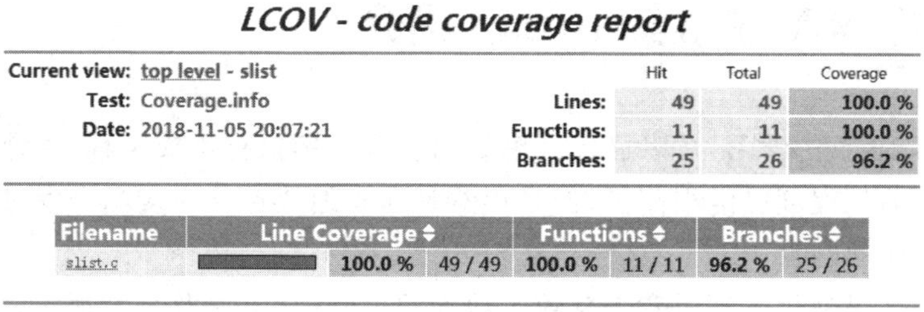

LCOV - code coverage report

Current view:	top level - slist		Hit	Total	Coverage
Test:	Coverage.info	Lines:	49	49	100.0 %
Date:	2018-11-05 20:07:21	Functions:	11	11	100.0 %
		Branches:	25	26	96.2 %

Filename	Line Coverage ♦		Functions ♦		Branches ♦	
slist.c	100.0 %	49 / 49	100.0 %	11 / 11	96.2 %	25 / 26

图 11.6 各文件的覆盖率

图 11.6 中显示了指定目录下每一个文件的覆盖率情况,如要查看某个文件的具体信息,单击对应的文件名即可。文件详细信息页面见图 11.7。

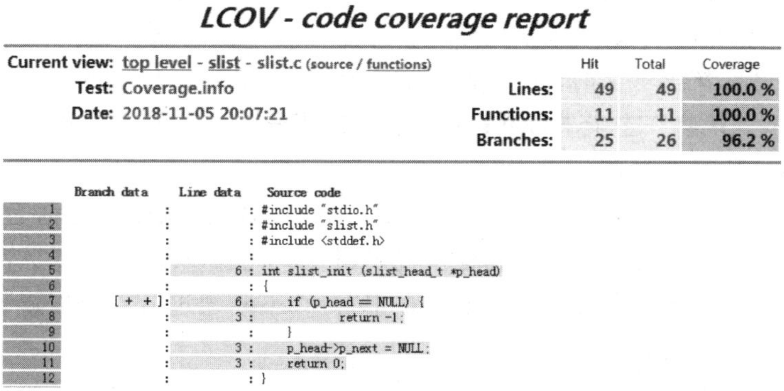

LCOV - code coverage report

Current view:	top level - slist - slist.c (source / functions)		Hit	Total	Coverage
Test:	Coverage.info	Lines:	49	49	100.0 %
Date:	2018-11-05 20:07:21	Functions:	11	11	100.0 %
		Branches:	25	26	96.2 %

```
     Branch data   Line data   Source code
1                      :       #include "stdio.h"
2                      :       #include "slist.h"
3                      :       #include <stddef.h>
4                      :
5                    6 :       int slist_init (slist_head_t *p_head)
6                      :       {
7        [+ +]        6 :          if (p_head == NULL) {
8                      :              return -1;
9                    3 :          }
10                     :          p_head->p_next = NULL;
11                   3 :          return 0;
12                     :       }
```

图 11.7 单个文件的覆盖率详细情况

第 12 章

持续集成

📖 本章导读

在实际开发过程中,开发者可能遇到一些问题:提交代码到代码库时意外覆盖了他人的代码却未能及时发现;跨平台的代码需要在多个平台上测试,而在提交代码前只在当前平台上测试过,移植到其他平台时出现问题。

使用持续集成系统可以很好地解决这些问题。当开发者提交代码到代码库时,持续集成系统会自动在多个平台下进行测试,从而及时发现代码中潜在的问题。

本章将介绍持续集成系统 Gitlab 的使用。

12.1 持续集成系统 Gitlab 简介

通过第 10 章的学习,读者已经了解如何实现一键执行生成工程、编译、测试的过程。虽然自动化程度已经很高了,但是仍然是在本地执行。在实际开发过程中,还会遇到另外一些问题:

➢ 提交代码到代码库时意外覆盖了他人的代码,却未能及时发现;
➢ 跨平台代码库只在当前平台下测试过,移植到其他平台时出现问题;
➢ 每个人的代码都测试通过,但组合在一起时出现问题;
➢ 在项目迭代时没有持续测试,导致单元测试失去作用。

如果在提交代码时就能够自动进行编译、测试,那么这些问题都能够及时被发现,开发过程就会顺利很多。

持续集成系统能够实时监控代码库的状态,当开发者向代码库中提交新的代码时,持续集成系统会在多个平台上自动执行生成工程、编译、测试的过程,从而及时发现问题。

将所有代码集合在一起、执行一次生成工程、编译、测试的过程称为一次**构建**。在本地执行构建的过程称为**本地构建**。代码提交到代码库之后,由服务器自动执行构建的过程称为**服务器构建**。在开发过程中,持续不断地进行本地构建和服务器构建,这个过程称为**持续集成**。

持续集成系统是这样一个系统,它能够在开发者提交代码时自动执行服务器构建的过程。Gitlab 是一个持续集成系统,它与版本管理器 Git 相结合,能够在开发者提交代码到 Git 代码库时执行服务器构建。

图 12.1 所示为 Gitlab 服务器的结构,由一台 Gitlab 主服务器和多台构建服务器组成。Gitlab 主服务器中集成了 Git 代码库。构建服务器可以完成服务器构建的过程。

Gitlab 主服务器会监控 Git 代码库的状态。当开发者向 Git 代码库提交代码时,Gitlab 主服务器会选择一台或多台合适的构建服务器执行服务器构建。从提交代码到所有构建服务器完成服务器构建的过程称为一次**集成**。

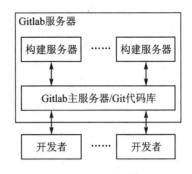

图 12.1　Gitlab 服务器结构

12.2　Gitlab 安装配置

为了使用 Gitlab 进行持续集成,用户需要安装 Gitlab 服务器。首先需要安装一台 Gitlab 主服务器,然后根据需要安装多台构建服务器。

12.2.1　Gitlab 主服务器安装

Gitlab 有两个版本:Gitlab CE 和 Gitlab EE。Gitlab CE 为社区版,可免费使用;Gitlab EE 为企业版,用户可付费使用该版本中的增强功能。用户可根据自己的需要选择合适的版本进行安装。本小节以 Gitlab CE 为例,介绍 Gitlab 主服务器的安装过程。

Gitlab 主服务器目前只能运行在 Linux 系统上,所以需要在 Linux 下安装,这里选择 ubuntu 作为安装环境。为了获得更好的体验,安装 Gitlab 主服务器的主机至少需要 4 个 CPU 核以及 8 GB 可用内存。在安装时要保证主机能够连接互联网。

Gitlab 主服务器的安装非常简单,只需要执行以下两条命令即可:

```
curl -s https://packages.gitlab.com/install/repositories/gitlab/gitlab-ce/script.deb.sh | sudo bash    sudo apt-get install gitlab-ce=11.4.5-ce.0
```

其中,11.4.5-ce.0 为要安装的版本。如果要安装其他版本,可以在 Gitlab 的官网 https://packages.gitlab.com/gitlab/gitlab-ce 中查看目前可供安装的所有版本。

完成 Gitlab 的安装后,设置登录 Gitlab 的地址,可以是 IP 地址或域名。打开文件 /etc/gitlab/gitlab.rb,修改其中的 external_url 字段。比如,Gitlab 主机的 IP 地址为 192.168.140.128,那么可以按照如下方式进行配置:

```
external_url "http://192.168.140.128"
```

除了需要配置登录地址外,还需要设置时区。比如,若要将时区设置为 Beijing,

可按如下方式进行设置：

```
gitlab_rails['time_zone'] = "Beijing"
```

如果需要使用邮件通知功能，那么在 Gitlab 中进行邮件配置。邮件配置的参考示例详见程序清单 12.1。

程序清单 12.1　邮件配置参考示例

```
gitlab_rails['smtp_enable'] = true
gitlab_rails['smtp_address'] = "smtp.server"
gitlab_rails['smtp_port'] = 465
gitlab_rails['smtp_user_name'] = "smtp user"
gitlab_rails['smtp_password'] = "smtp password"
gitlab_rails['smtp_domain'] = "example.com"
gitlab_rails['smtp_authentication'] = "login"
gitlab_rails['smtp_enable_starttls_auto'] = true
gitlab_rails['smtp_openssl_verify_mode'] = 'peer'
```

在完成必要的配置后，需要重启 Gitlab 才能生效。可以使用以下命令重新配置并重新启动 Gitlab：

```
sudo gitlab-ctl reconfigure
sudo gitlab-ctl restart
```

在完成 Gitlab 配置后，即可通过浏览器访问 Gitlab。通过前面设置的 URL 访问 Gitlab。第一次访问时会要求设置管理员密码，按要求设置密码即可，详见图 12.2。

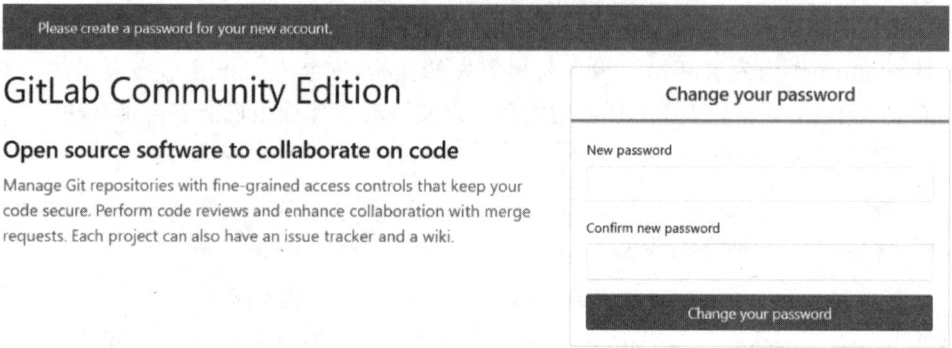

图 12.2　更改初始密码

设置密码后，自动跳转到登录页面。在登录页面中，用户名填入 root，密码填入刚才设置的密码，详见图 12.3。

登录成功后，打开 Gitlab 的控制面板，详见图 12.4。

如果登录成功，说明 Gitlab 服务器已经正确安装。

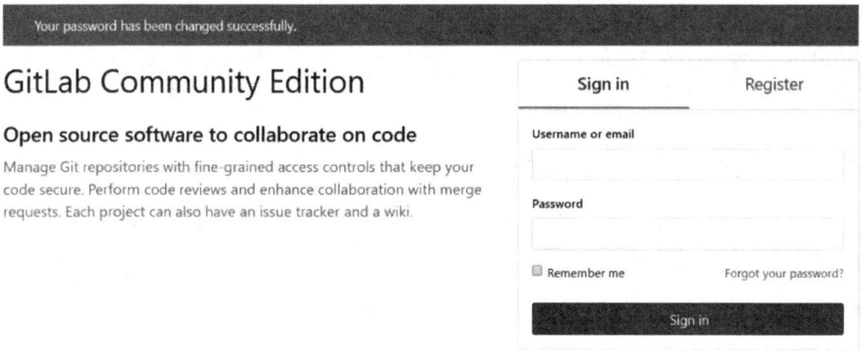

图 12.3 登录页面

图 12.4 控制面板

12.2.2 构建服务器安装

Gitlab 主服务器并不能执行服务器构建,如果要求在提交代码时执行服务器构建,则需要安装构建服务器。

如果在 Linux 系统上执行构建任务,则需要一台 Linux 构建服务器。下面演示在 Ubuntu 下安装构建服务器的过程,非常简单,只需要执行以下两条命令:

```
curl -L https://packages.gitlab.com/install/repositories/runner/gitlab-runner/script.deb.sh | sudo bash
sudo apt-get install gitlab-runner
```

同样,如果在 Windows 系统上执行构建任务,那么需要一台 Windows 构建服务器。首先需要登录 https://docs.gitlab.com/runner/install/windows.html 下载构建服务程序。有 32 位和 64 位的构建服务程序可供下载,用户可根据需要下载对应的版本。

将下载得到的构建服务程序存放在任意目录(例如 C:\Gitlab-Runner)下,并更名为 gitlab-runner.exe。以管理员方式运行控制台,进入应用程序所在目录,执行以下两条命令即可完成服务安装：

```
gitlab-runner install
gitlab-runner start
```

12.2.3 注册构建服务器

在安装构建服务器之后，需要将构建服务器注册到 Gitlab 中，这样 Gitlab 主服务器就能够找到构建服务器并执行构建任务。

在 Linux 下使用如下命令注册构建服务器：

```
sudo gitlab-runner register
```

在 Windows 下以管理员身份运行控制台，并使用以下命令注册构建服务器：

```
gitlab-runner register
```

在输入命令后，按照提示输入 Gitlab 主服务器的 URL：

```
Please enter the gitlab-ci coordinator URL
http://192.168.140.128
```

按照提示输入令牌，服务器可通过这个令牌识别当前正在注册的构建服务器是否合法。

```
Please enter the gitlab-ci token for this runner
uKaNmJdnoskyvR2YNbJ2
```

图 12.5 管理区域

管理员可以在 Gitlab 的 Web 端查看正确的令牌，并使用这个令牌输入。在图 12.4 所示的控制面板中，单击 Configure GitLab 进入配置页面。如图 12.5 所示，在该页面左侧的管理区域内选择 Runners，进入构建服务器管理页面。在该页面的右上方可以看到用于注册构建服务器的令牌，详见图 12.6。

按提示输入构建服务器的描述信息，这个描述信息有助于我们识别一个构建服务器。例如在 Linux 构建服务器中，可以填写 ubuntu x64。该部分信息可以在注册完成后通过 Gitlab 主服务器的构建服务器管理页面进行修改：

```
Please enter the gitlab-ci description for this runner
[bogon] ubuntu x64
```

按照提示输入构建服务器的标签，标签可以帮助 Gitlab 服务器识别构建服务器的能力。可以输入多个标签，多个标签之间用逗号分隔。例如，可以输入如下所示标签：

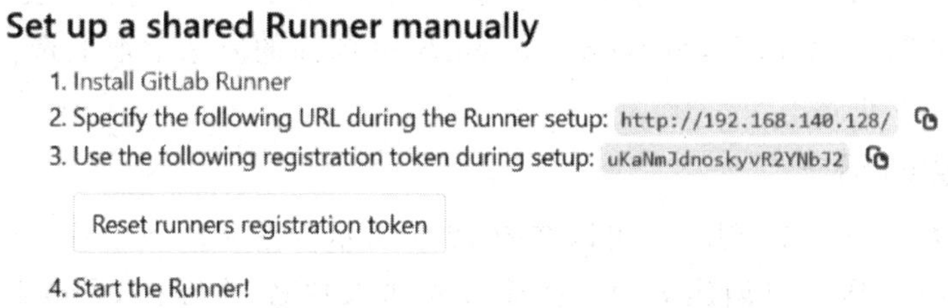

```
Set up a shared Runner manually
1. Install GitLab Runner
2. Specify the following URL during the Runner setup: http://192.168.140.128/
3. Use the following registration token during setup: uKaNmJdnoskyvR2YNbJ2
   Reset runners registration token
4. Start the Runner!
```

图 12.6 服务器令牌

```
Please enter the gitlab-ci tags for this runner
ubuntu16,cmake,lcov
```

ubuntu16 表示该服务器的类型为 ubuntu, cmake 表示该服务器安装了 cmake, lcov 表示该服务器安装了 lcov。该部分信息可以在注册完成后通过 Gitlab 的构建服务器管理页面进行修改。

按照提示输入执行构建的程序，这里选择 shell：

```
Please enter the executor: kubernetes, docker-ssh, parallels, ssh, virtualbox, docker+machine, shell
  shell
```

注册成功后，在 Gitlab 的构建服务器管理页面可以看到已经注册的所有构建服务器，详见图 12.7。

Type	Runner token	Description	Version	IP Address	Projects	Jobs	Tags	Last contact			
shared	f242c3a2	win7 x64	11.4.2	192.168.140.130	n/a	0	cmake vs2013 win7	2 minutes ago	✏	⏸	✖
shared	d2ac5e3c	ubuntu x64	11.4.2	192.168.140.129	n/a	0	cmake lcov ubuntu16	6 minutes ago	✏	⏸	✖

图 12.7 构建服务器管理页面

如果需要安装其他构建服务器，可以使用 https://docs.gitlab.com/runner/install/index.html 中的方法自行安装。

12.3　Gitlab 管理

如果以管理员账户登录系统，可以对系统进行配置，包括添加用户、添加项目等。本节将介绍 Gitlab 管理员账户的基本用法。

1. 禁用注册功能

默认情况下，Gitlab 是可以随意注册的。在实际使用过程中，随意注册会带来很多管理上的麻烦，所以可以关闭注册的功能。

在图 12.4 的控制面板中，单击 Configure GitLab 进入配置页面。在该页面左边的管理区域中选择 Settings,在打开的页面中,单击 Sign‐up restrictions 右侧的 Expand 展开,如图 12.8 所示,将 Sign‐up enabled 前面的复选框取消选中,单击 Save changes 保存即可。

2. 创建新用户

如果需要创建一个新用户,可以在图 12.4 所示的控制面板中单击 Add People,系统将自动跳转到用户创建页面。在该页面输入姓名、登录名、Email 以及权限信息,单击 Create user 即可完成用户的创建。

创建成功后,系统会将注册信息发送到用户的邮箱中,用户可以通过邮件中的链接设置初始密码。

3. 创建一个分组

Gitlab 支持对项目进行分组管理,管理员需要针对不同类别的项目创建不同的分组。要创建一个分组,可以在图 12.4 的控制面板中单击 Create a group,系统将自动跳转到分组创建页面。如图 12.9 所示,在该页面中,填入分组的 URL、名称和描述,单击 Create group 即可完成分组的创建。

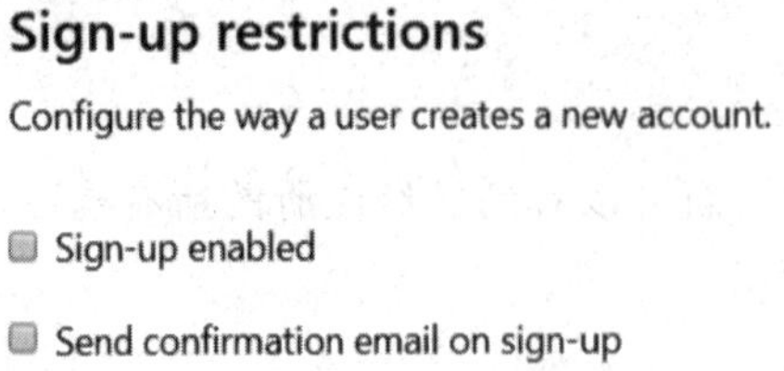

图 12.8 关闭注册功能 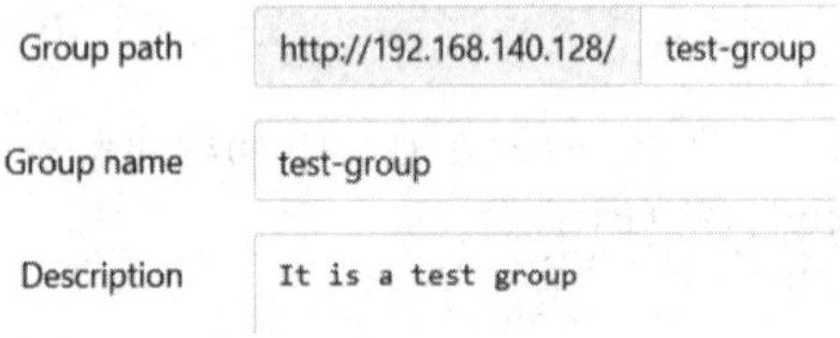　　　　　　图 12.9 创建分组

创建分组后,用户可通过对应的 URL 访问对应的分组。比如,要访问图 12.9 中创建的分组,可在浏览器地址栏输入 http://192.168.140.128/test‐group。

4. 创建一个项目

当创建分组后,就可以创建项目了。可以在图 12.4 的控制面板中,单击 Create a project,系统将自动跳转到项目创建页面。如图 12.10 所示,在该页面中,填入项目名称,选择所在分组,填入项目描述,然后单击 Create project 即可完成项目的创建。

创建项目后,用户可通过对应的 URL 访问对应的项目。比如,要访问图 12.10 中创建的项目,可在浏览器地址栏输入 http://192.168.140.128/test—group/slist。

5. 添加成员到项目中

创建项目后,需要向项目中添加成员。只需要添加一个项目管理员即可,其余成员可以由项目管理员自行添加。在如图 2.11 所示页面的导航栏中找到扳手形状的图标,单击进入相应页面。

图 12.10　创建项目

图 12.11　导航栏

在页面左侧的菜单栏中，选择 Overview→Projects，进入项目列表页面，单击刚刚创建的项目，在项目页面的右侧显示该项目的用户列表，详见图 12.12。

单击 seist project members 列表右侧的 Manage access，打开用户管理页面，对该项目的用户进行管理。如图 12.13 所示，选择用户名，选择权限为 Maintainer，单击 Add to project 即可向项目中添加成员。

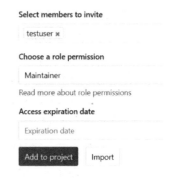

图 12.12　用户列表　　　　　　图 12.13　添加用户到项目中

12.4　Gitlab 使用

当开发者需要使用 Gitlab 时，联系系统管理员创建一个账户。在收到系统发出的邮件后，可通过邮件中的链接地址设置密码，设置密码后即可登录系统。

12.4.1 Git 安装

由于 Gitlab 关联的代码库是 Git，所以需要安装 Git 客户端。登录 https://git-scm.com，可以下载最新版本的 Git 客户端。图 12.14 所示为下载界面，单击 Download x.xx.xx for Windows 可下载最新版本的 Git 客户端，下载后安装即可。

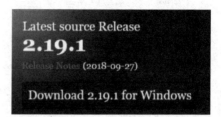

图 12.14　下载 Git

在 Windows 中还可以安装 TortoiseGit。TortoiseGit 是 Windows 中的一个图形化工具，它能够帮助开发者更加方便地使用 Git。登录 https://tortoisegit.org/download，有 32 位和 64 位的安装包可下载，详见图 12.15。

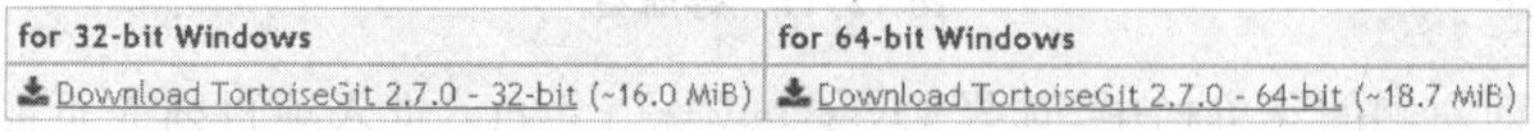

图 12.15　TortoiseGit 下载

根据当前系统的类型下载对应版本的安装包。

12.4.2 生成 SSH 密钥

Gitlab 支持通过 SSH 访问 Git 服务器，从而提供更快的传输速率和更好的安全性。Gitlab 上的 SSH 服务仅支持通过密钥进行认证，密钥由私钥和公钥组成，其中，私钥里面包含公钥的内容。公钥是公开的，保存在服务器，私钥保存在客户端用于认证。公钥和私钥统称为密钥对，公钥和私钥是一一对应的，但是从公钥推导出私钥是很难实现的。因此，可以把公钥放在服务器，用户使用私钥进行认证。

启动 git-bash.exe，输入如下命令即可生成 SSH 密钥：

```
ssh-keygen -t rsa -b 4096
```

生成密钥的过程中会出现提示，直接按回车键即可。命令执行完成后，即可在用户目录下的.ssh 文件夹中生成公钥和私钥。此命令生成的私钥文件名为 id_rsa，公钥文件名为 id_rsa.pub。

12.4.3 将 SSH 私钥转化为 ppk 格式

为了使用 TortoiseGit 克隆版本库，需要使用 puttygen.exe 将前面生成的 SSH 私钥转换为 ppk 格式。puttygen.exe 位于 TortoiseGit 安装文件夹下的 bin 文件夹中，启动 puttygen.exe，选择菜单 Conversions→Import key，在弹出的加载私钥对话框中选择前面生成的私钥文件。加载密钥后的详细信息详见图 12.16。

单击图 12.16 中的 Save private key 按钮，在打开页面中选择想要的保存路径和

持续集成 12

图 12.16　生成 ppk 格式密钥

文件名,这里依然保存在用户目录下.ssh 文件夹中,文件名为 gitlab.ppk。这样 SSH 私钥就成功转换为 ppk 格式。

12.4.4　上传公钥到服务器

登录 Gitlab,如图 12.17 所示,单击页面右上方的个人账户图标,在下拉菜单中选择 Settings,进入个人设置页面。

图 12.17　个人设置

在个人设置页面中的左侧菜单栏中选择 SSH Keys,进入 SSH 密钥管理页面。使用记事本打开前面生成的 id_rsa.pub 文件,复制其中的内容,并填入页面上对应的对话框中,详见图 12.18。填写完成后,单击 Add key 按钮即可。

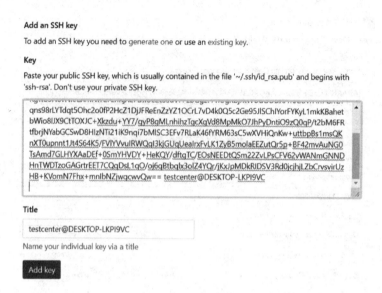

图 12.18　上传公钥

12.4.5　克隆版本库

开发者登录 Gitlab 后,可以看到当前账户有权限的所有项目列表。在项目列表中单击对应的项目,进入项目的详细信息页面。该页面包含项目版本库的地址,复制版本库地址,详见图 12.19。

图 12.19　复制版本库地址

复制版本库地址后,就可以将版本库的内容克隆到本地。在 Windows 的资源管理器中右击鼠标,在弹出的右键菜单中选择 Git Clone,打开如图 12.20 所示对话框,填入刚才复制的地址,选中 Load Putty Key 并选择前面生成的 ppk 格式的私钥,单击 OK 执行克隆。

12.4.6　初始化版本库

在一个新项目开始的时候,其版本库为空,项目管理员需要对其进行初始化,这些工作通常包含项目资料、工具以及最基础源码的提交。初始化工作之后,版本库中就会包含 master 分支。

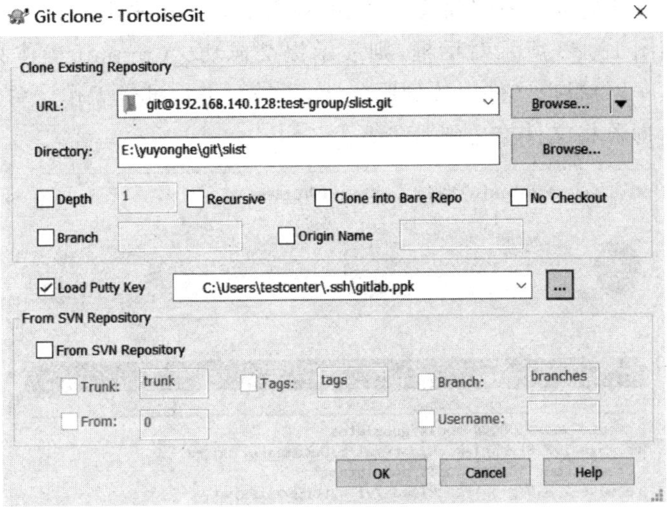

图 12.20 克隆版本库

将必要的文件复制到版本库的本地目录下,在 Windows 资源管理器中单击鼠标右键,弹出如图 12.21 所示右键菜单,选择 Git Commit→"master",弹出如图 12.22 所示对话框。

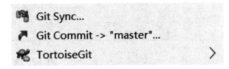

图 12.21 右键菜单

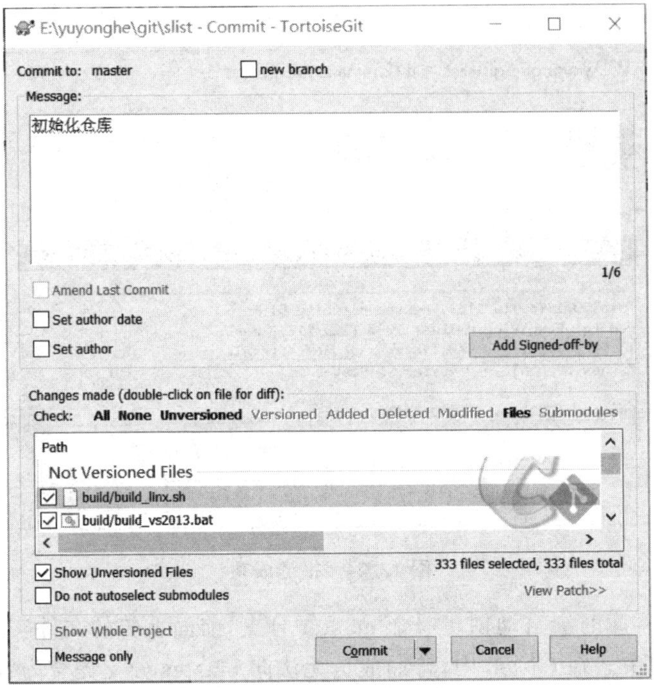

图 12.22 初始化版本库

填入本次提交的 log,选择所有文件,并单击 Commit 按钮。

若出现如图 12.23 所示对话框,则表示提交成功。Commit 操作只能将文件提交到本地版本库,要想把文件上传到服务器,还需要进行推送工作。单击图 12.23 中的 Push 按钮,即可将文件推送到服务器。

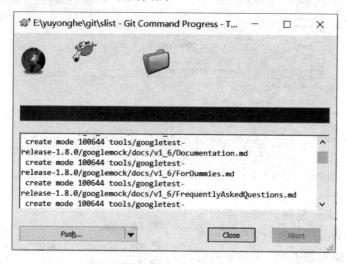

图 12.23　提交成功

若出现如图 12.24 所示对话框,则表示已成功推送到服务器。单击 Close 按钮关闭页面即可。

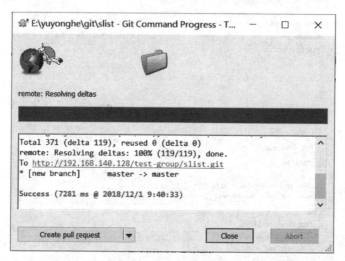

图 12.24　推送成功

在创建版本库时会自动创建一个 master 分支,前面上传的文件实际上就是上传到 master 分支中。在 Gitlab 中,普通成员无法向 master 分支提交内容,所以需要创建另外一个 develop 分支。日常开发工作在 develop 分支中完成。当项目团队在 develop 分支上完成阶段性的开发工作后,可以把所有修改合并到 master 分支。

在本地版本库对应的目录下,右击鼠标。如图 12.25 所示,在弹出的右键菜单中选择 TortoiseGit→Create Branch,打开如图 12.26 所示对话框。

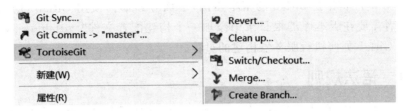

图 12.25　创建分支菜单

填写分支名称为 develpo,选中 Switch to new branch,单击 OK 按钮创建 develop 分支并切换到新分支。

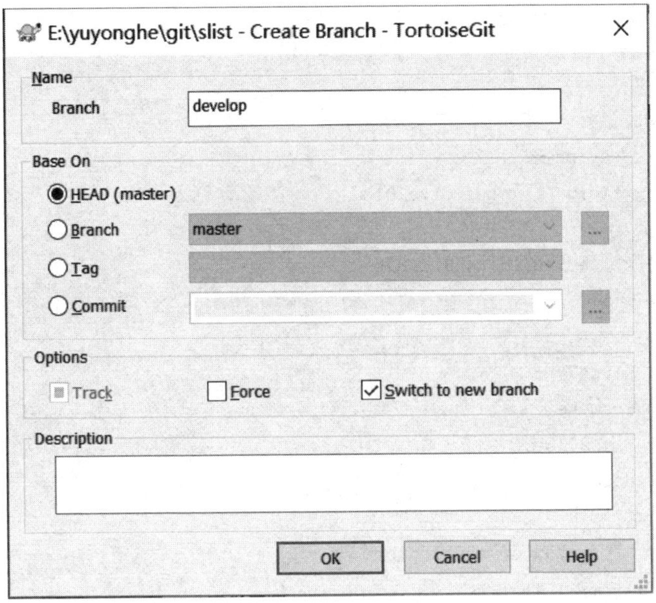

图 12.26　创建分支并切换到新分支

完成分支的创建和切换后,需要使用 Push 命令将本地的修改上传到服务器中,这样其他人员才可以克隆 develop 分支进行开发工作。

在本地版本库对应的目录下,右击鼠标,在弹出的右键菜单中选择 TortoiseGit →Push,即可打开推送对话框;单击 OK 按钮即可将新分支推送到服务器。新分支推送到服务器后,其他项目成员即可克隆 develop 分支进行开发工作。

12.5 构建配置文件

前面几节中介绍了 Gitlab 的基本用法，下面介绍如何使用 Gitlab 进行持续集成。开发者需要在版本库的根目录中添加一个构建配置文件".gitlab - ci.yml"，该文件告诉 Gitlab 如何执行服务器构建的过程。

12.5.1 语法规则

在配置文件中,可以定义多个构建任务。每个构建任务可以配置多个任务属性,部分任务属性可以包含子属性。除了任务属性外,还可以定义多个全局属性,全局属性是所有构建任务的公共属性。程序清单 12.2 所示为一个简单的配置文件示例。

程序清单 12.2　配置文件格式

```
1   stages:
2       - test
3
4   win32_test:
5       before_script:
6           - rmdir /s /q build\vs2013
7       script:
8           - build\build_vs2013.bat
9       stage: test
10      tags:
11          - win7
12          - cmake
13          - vs2013
14      artifacts:
15          paths:
16              - build/vs2013/dist/
17          when: on_success
18          expire_in: 1 day
```

从程序清单 12.2 中可以得出以下信息:

① 配置文件中,不同的层次结构通过不同的缩进来体现。第一层缩进 0 字符,第二层缩进 4 字符,第三层缩进 8 字符,依此类推。例如在程序清单 12.2 中,第 1 行为全局属性名称 stages,缩进 0 字符;第 2 行为属性 stages 的值,缩进 4 字符;第 4 行为构建任务名称,缩进 0 字符;第 5～18 行为构建任务 win32_test 的各个属性,按照层级不同有不同的缩进字符数。

② 构建任务名称、属性名称、子属性名称之后需要有一个冒号":"。

③ 若一个属性有多个值,每个值必须独立成行,并在每个值之前加上一个减号

和一个空格"- "。例如属性 tags 有 3 个值,每个值必须独立成行。

④ 若一个属性只有一个值,可以独立成行,也可以与属性名称位于同一行。例如属性 script 只有一个值,独立成行;属性 when 只有一个值,与属性名称位于同一行。

12.5.2 构建阶段和构建任务

开发者每向版本库提交一次代码,就会触发一次服务器构建。构建可以分为多个阶段,每个阶段又可以有多个构建任务。各个构建阶段的任务并行执行,多个构建阶段的任务按顺序执行。若当前阶段有执行失败的构建任务,则认为当前阶段构建失败;若当前阶段构建失败,则后续阶段的所有构建任务将不再执行。图 12.27 所示为构建阶段和构建任务示例。在图 12.27 中有 3 个构建阶段,若阶段 1 中的任意一个或多个任务执行失败,则阶段 2 和阶段 3 中所有任务都不会被执行,并且本次构建判定为失败。

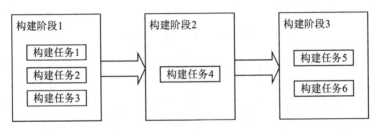

图 12.27 构建阶段和构建任务

可以在全局属性 stages 中定义多个构建阶段,然后在构建任务的 stage 属性中指定构建任务所属的构建阶段。构建阶段定义的示例代码详见程序清单 12.3。

程序清单 12.3 定义构建阶段

```
1  stages:
2    - build
3    - test
4    - deploy
5  product_build:
6      stage: build
7  test_build:
8      stage: test
```

在程序清单 12.3 中,定义了 3 个构建阶段(build、test 和 deploy),以及两个构建任务(product_build 和 test_build)。其中,product_build 属于 build 阶段,test_build 属于 test 阶段。

在一次构建中,各个构建阶段会按照定义的顺序执行。值得注意的是,各个构建任务的执行顺序与定义顺序无关,只与所属的构建阶段有关。

默认情况下，Gitlab 会定义 build、test、deploy 三个构建阶段，每个构建任务默认属于 test 阶段。

12.5.3 构建命令

Gitlab 在执行构建任务时，需要知道如何构建，具体构建过程是在构建命令里定义的。Gitlab 提供了 3 个不同阶段的命令：构建任务开始前的命令、构建任务执行中的命令和构建命令结束后的命令。

在全局属性 before_script 中指定的命令在每个构建任务开始前都将被执行一次，在全局属性 after_script 中指定的命令在每个构建任务结束后都将被执行一次。开发者也可以在构建任务中定义构建任务属性 before_script 和 after_script 覆盖全局的设置。

在构建任务中，需要在属性 script 中指定构建任务执行过程中执行的命令，开发者必须为每个构建任务都配置 script 属性，以告知 Gitlab 如何进行构建。

构建命令的示例代码详见程序清单 12.4。

程序清单 12.4　指定构建命令

```
1    before_script:
2        - setup.bat
3    after_script:
4        - teardown.bat
5    product_build:
6        script:
7            - product_code\build.bat
8    test_build:
9        before_script:
10           - test_code\setuptest.bat
11       script:
12           - test_code\build.bat
```

在程序清单 12.4 中，全局属性 before_script 中指定每个构建任务开始前都需要执行的脚本 setup.bat，全局属性 after_script 中指定每个构建任务结束后需要执行的脚本 teardown.bat。

在 product_build 任务中，属性 script 中指定构建脚本 product_code\build.bat。

在 test_build 任务中，属性 script 中指定构建脚本 test_code\build.bat，同时属性 before_script 中指定该任务执行之前执行的脚本 test_code\setuptest.bat。

如此一来，product_build 任务将会依次执行 setup.bat、product_code\build.bat 和 teardown.bat 三个脚本，test_build 任务将会依次执行 test_code\setuptest.bat、test_code\build.bat 和 teardown.bat 三个脚本。

12.5.4 变量定义

在编写构建配置文件过程中,有时需要定义一些变量以便在构建任务中使用,可以在属性 variables 中定义变量,可以在全局属性 variables 中定义全局变量,同样也可以在构建任务属性 variables 中定义构建任务变量。

全局变量可以在所有的构建任务中使用,构建任务变量只能在当前构建任务中使用。如果定义了同名的构建任务变量和全局变量,则对应的全局变量在当前构建任务中将失效。

如果要引用定义好的变量,可以使用"$变量名"的方式引用。程序清单 12.5 所示为变量定义以及使用的示例。

程序清单 12.5 变量定义及使用

```
1   variables:
2       PRODUCT_SCRIPT: product_code\build.bat
3       TEST_SCRIPT:test_code\build.bat
5   product_build:
6       script:
7           - $ PRODUCT_SCRIPT
8   test_build:
11      script:
12          - $ TEST_SCRIPT
```

在程序清单 12.5 中,定义了两个全局变量 PRODUCT_SCRIPT 和 TEST_SCRIPT,并分别在两个构建任务中引用这两个变量。

12.5.5 构建服务器选择

通过 12.1 节中的描述可以知道,Gitlab 服务器是由 Git 主服务器和多台构建服务器组成的,当开发者提交代码时,Gitlab 主服务器会选择适合的构建服务器执行构建任务。那么如何确定哪一台才是适合的构建服务器呢?

比如当前分别有 Windows 和 Linux 版本的构建服务器,如果需要构建 Windows 的程序,那么就要选择 Windows 版本的构建服务器;如果需要使用 Visual Studio 编译程序,那么就需要构建服务器上具有对应版本的 Visual Studio。这样一来,Gitlab 就需要知道每台构建服务器具有什么样的功能,以及构建任务需要什么功能,以便选择适合的构建服务器。

在 12.2.2 小节中介绍了构建服务器安装时为每一台构建服务器指定多个标签,这些标签就代表每台构建服务器的能力。

在项目的详细信息页面,如图 12.28 所示,从左侧菜单栏中选择 Settings→CI/CD。

在打开的 CI/CD 设置页面,展开 Runners 选项,显示当前已安装的构建服务器列表以及每台服务器的标签,详见图 12.29。当前安装了两台构建服务器。其中,第一台服务器为 win7,安装了 cmake 和 vs2013;第二台服务器为 ubuntu,安装了 cmake 和 lcov。

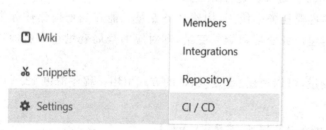

图 12.28 设置菜单

图 12.29 构建服务器列表

在构建任务中,在属性 tags 中设置构建服务器应具备的标签,以选择适合的服务器执行构建,详见程序清单 12.6。

程序清单 12.6 选择构建服务器

```
1   test_build:
2       tags:
3           - vs2013
4           - cmake
5           - win7
```

在程序清单 12.6 中,设置执行构建任务 test_build 的构建服务器需要具备 vs2013、cmake、win7 三个标签。

12.5.6 什么时候构建

在默认情况下,第一阶段的构建任务会在提交代码时立即执行,后续各阶段的构建任务会在前一阶段构建成功后执行。但是在某些时候,可能希望某些构建任务始终执行而不用管上一阶段是否成功,或者希望某些构建任务不自动执行等等。

可以使用构建任务属性 when 来满足这些特殊的要求。该属性允许的值有:

➤ on_success:上一阶段构建成功后构建。
➤ on_failure:上一阶段构建失败后构建。
➤ always:上一阶段结束后构建。
➤ manual:不自动构建,手动执行。

例如,如下代码段将构建任务 test_build 设置为手动构建:

```
1   test_build:
2       when: manual
```

12.5.7 是否允许失败

在默认情况下,当一个构建阶段的任意一个或多个构建任务执行失败时,表明当前构建阶段执行失败。在某些时候,希望某些构建任务只作为记录,不希望它的执行结果影响当前阶段的结果,例如编码规则的检查的结果只作为参考。在这种情况下,可以设置对应构建任务的执行结果不影响当前阶段的结果。

可以在属性 allow_failure 中设置当前构建任务是否允许失败,若允许失败则代表当前任务的执行结果不影响当前阶段的结果。该属性可以设置为 true 或 false。当设置为 true 时,代表当前构建任务允许失败。

```
1  test_build:
2      allow_failure: true
```

以上代码段设置允许 test_build 构建失败,若当前阶段除 test_build 之外的所有构建任务都构建成功,那么无论 test_build 任务是否构建成功,都认为当前阶段构建成功。

12.5.8 生成制品

在很多时候,需要在构建完成后保存一些文件,例如测试报告。这时可以通过设置属性 artifacts 来实现,设置该属性后,构建服务器会将选中的文件打包并上传到 Gitlab 服务器以供下载。

1. 文件路径

在生成制品时,需要告诉构建服务器使用哪些文件。可以在 paths 子属性中说明,可以指定多个文件或目录。如果指定一个目录,则指定目录下的文件以及子目录下的文件都会用于生成制品。比如,可以指定使用 bin/test_report 和 bin/coverage_report 两个目录下的文件生成制品,详见程序清单 12.7。

程序清单 12.7 指定制品文件路径

```
1  test_build:
2      artifacts:
3          paths:
4              - bin/test_report/
5              - bin/coverage_report/
```

2. 制品中包含所有未被 Git 跟踪的文件

除了可以指定制品中包含文件的路径外,还可以使用子属性 untracked 告诉 Gitlab,将所有没有被 Git 跟踪的文件都包含在制品中。

```
1  test_build:
2      artifacts:
3          untracked: true
```

3. 制品文件名

默认情况下,生成制品的文件名与构建任务的名称相同,也可以使用 name 子属性改变生成制品的文件名。例如,如下代码段设置制品的文件名为构建任务的名称:

```
1   test_build:
2       artifacts:
3           name: "$CI_BUILD_NAME"
```

4. 何时生成制品

默认情况下,构建服务器在构建成功后才会生成制品,但有时希望在构建失败时也生成制品,例如在构建失败时需要使用测试报告生成制品。在这种情况下,可以使用 when 子属性设置何时生成制品,该属性共有 3 个可选的值:

- on_success:构建成功时生成制品。
- on_failure:构建失败时生成制品。
- always:构建完成时生成制品。

例如,如下代码段设置每次构建完成时都生成制品:

```
1   test_build:
2       artifacts:
3           when: always
```

5. 制品生存周期

当设置生成制品后,每次构建时,构建服务器都会生成制品并上传到 Gitlab 服务器。由于每次提交代码时都会触发构建,时间长了就会生成很多制品,这对服务器来说是不小的负担。另一方面,通常只有最新的制品是有用的,过时的制品则需要删除。可以在 expire_in 子属性中设置制品在 Gitlab 服务器上保存的时间,当超过保存时间后,制品将被删除。保存时间可以按以下格式填写:

- '3 mins 4 sec'
- '2 hrs 20 min'
- '2h20min'
- '6 mos 1 day'
- '47 yrs 6 mos and 4d'
- '3 weeks and 2 days'

例如,如下代码段设置制品保存的时间为 1 周:

```
1   test_build:
2       artifacts:
3           expire_in: 1 week
```

12.5.9 构建任务的依赖关系

在构建过程中,有时部分构建任务会依赖于其他任务产生的文件,例如部署任务中需要使用编译任务产生的可执行文件。可以在 dependencies 属性中设置构建任务依赖的其他构建任务。示例代码详见程序清单 12.8。

程序清单 12.8 构建任务的依赖关系

```
1   product_build:
2     stage: build
3     artifacts:
4       paths:
5         - bin
6   product_deploy:
7     stage: deploy
8     dependencies:
9       - product_build
```

在程序清单 12.8 中,定义了两个构建任务 product_build 和 product_deploy,分别处于 build 阶段和 deploy 阶段,其中 product_deploy 任务依赖于 product_build 任务。当 product_build 任务执行成功后,会使用 bin 目录下所有文件生成制品并上传到 Gitlab 服务器;product_deploy 任务执行前会从 Gitlab 服务器下载 product_build 任务上传的制品并解压,然后在构建过程中就可以使用其中的文件。

值得注意的是,构建任务只能依赖于之前阶段的其他构建任务,不能依赖于同阶段或之后阶段的其他构建任务。

12.5.10 常用属性汇总

在 12.5.2～12.5.9 小节中介绍了 Gitlab 的常用全局属性和构建任务属性的配置,本小节将各个常用的属性进行汇总。

常用的全局属性详见表 12.1。

表 12.1 常用全局属性

属性名称	默认值	说 明
stages	- build - test - deploy	定义构建阶段
before_script	无	指定每个构建任务开始之前执行的命令
after_script	无	指定每个构建任务结束之后执行的命令
variables	无	定义全局变量

常用的构建任务属性详见表 12.2。

表 12.2 常用构建任务属性

属性名称	默认值	说　　明
stage	test	指定构建任务属于哪个阶段
before_script	无	指定当前构建任务开始之前执行的命令
after_script	无	指定当前构建任务结束之后执行的命令
script	无	定义构建任务执行的命令
variables	无	定义当前构建任务中使用的变量
tags	无	指定执行任务的构建服务器应该具备的标签
when	on_success	指定何时构建
allow_failure	false	设置当前任务是否允许失败
artifacts	---	生成制品
artifacts/paths	无	文件路径
artifacts/paths	无	保存文件名
artifacts/untracked	false	制品中是否包含所有未被 Git 监控的文件
artifacts/when	on_success	指定在什么情况下生成制品
artifacts/expire_in	30 days	指定制品保存时间

12.6　构建配置示例

通过 12.5 节的介绍，读者已经了解了如何编写一个构建配置文件。下面以前面的单链表代码为例，编写一个构建配置文件，详见程序清单 12.9。

程序清单 12.9　slist 的构建配置

```
1  stages:
2    - test
3
4  # 在 Win32 下测试
5  win32_test:
6    before_script:
7      - rmdir /s /q build\vs2013
8    script:
9      - build\build_vs2013.bat
10   stage: test
11   tags:
12     - win7
13     - cmake
```

```
14              - vs2013
15          artifacts:
16              paths:
17                  - build/vs2013/dist/
18              when: on_success
19              expire_in: 1 day
20
21      # 在 Linux 下测试
22      linux_test:
23          before_script:
24              - chmod 777 build/build_linx.sh
25              - rm -rf build/linux_gcc
26          script:
27              - build/build_linx.sh
28          stage: test
29          tags:
30              - ubuntu16
31              - cmake
32              - lcov
33          artifacts:
34              paths:
35                  - build/linux_gcc/dist/
36                  - build/linux_gcc/coverage
37              when: always
38              expire_in: 1 day
```

在程序清单 12.9 中,定义了两个构建任务 win32_test 和 linux_test。win32_test 任务在 Win7 下使用 vs2013 进行构建,然后使用 dist 目录下的文件生成制品;linux_test 任务在 ubuntu 下使用 GCC 进行构建,然后使用 dist 目录的文件和 coverage 目录下的文件生成制品。

12.7 查看构建状态

当开发者完成配置文件的编写并将配置文件提交到 Git 后,每次向服务提交代码都会触发服务器构建过程,可以通过网页端查看构建的状态。在项目详细页面左侧的菜单栏中,选择 CI/CD→Pipelines,详见图 12.30。

随后进入 Pipelines 页面,在该页面可以看到每次提交的构建状态,详见

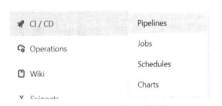

图 12.30 CI/CD 菜单

图 12.31。若需要查看详细信息,可以通过单击列表中的链接进入详细页面查看。

图 12.31　Pipelines

12.8　合并代码到 master 分支

若在 develop 分支完成了阶段性工作,则可以将 develop 分支的更改合并到 master 分支。在项目详细页面的最上方找到 Create merge request 按钮,详见图 12.32。单击该按钮即可发起一个合并请求。

图 12.32　合并请求

在打开的合并请求页面中,单击 Submit merge request 提交合并请求。

需要项目管理员审核后才会真正生效。项目管理员在项目详细页面左侧菜单栏中单击 Merge Request,系统将跳转到合并请求列表页面,详见图 12.33。

图 12.33　合并请求列表

单击图 12.33 中一行合并请求,即可对合并请求进行审批,详见图 12.34,单击 Merge 按钮即可完成审批。审批完成后,develop 分支正式合并到 master 分支。

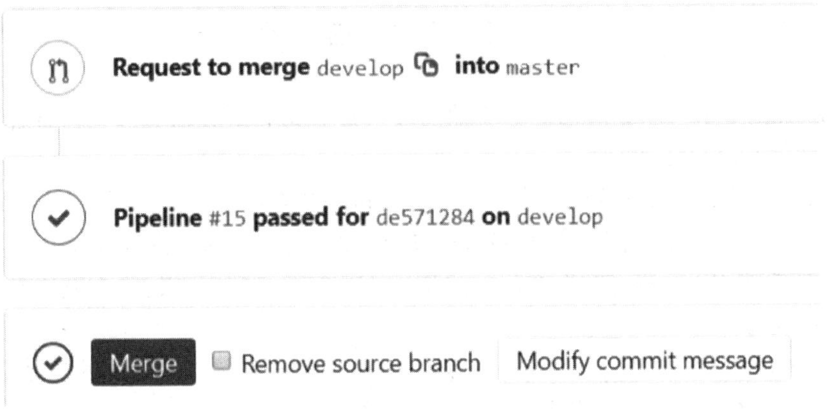

Request to merge develop **into** master

Pipeline #15 **passed for** de571284 **on** develop

[Merge] ☐ Remove source branch   Modify commit message

图 12.34　审批合并请求

参 考 文 献

[1] (美)James W. Grenning. 测试驱动的嵌入式C语言开发[M]. 尹哲,等译. 北京：机械工业出版社,2012.

[2] 刘琛梅. 测试架构师修炼之道[M]. 北京:机械工业出版社,2016.

[3] (日)花井志生. C现代编程[M]. 杨文轩译. 北京:人民邮电出版社,2016.

[4] 徐宏革,郭庆,雷涛,等. 白盒测试之道—C++test[M]. 北京:北京航空航天大学出版社,2011.

[5] (美)Glenford J. Myers,Tom Badgett,Corey Sandler. 软件测试的艺术[M]. 张晓明,等译. 3版. 北京:机械工业出版社,2012.